TRAITE

DV IARDINAGE

ex libris Recollectorum

SELON LES RAISONS DE LA NATVRE

ET DE L'ART

Conventûs Parisiensis

DIVISE EN TROIS LIVRES

*Ensemble divers desseins de parterres
Pelouzes Bosquetz et aultres
ornementz Servans a l'embellissement
des Jardins*

Par Jacques Boyceau Escuyer

*Sr de la Barauderie Gentilhomme
ordinaire de la Chambre
du Roy et Intendant
de Ses Jardins*

1638.

AVEC PRIVILEGE
DV ROY

Michel van Lochom   fecit et excudit

TRAITE
DV
IARDINAGE
SELON LES RAISONS
DE LA NATVRE ET DE L'ART.
DIVISE' EN TROIS LIVRES.

Enfemble diuers deffeins de Parterres, Pelouzes, Bofquets, & autres
ornemens feruans à l'embelliffement des Iardins.

Par IACQVES BOYCEAV, Efcuyer Sieur de la Barauderie, Gentilhomme
ordinaire de la Chambre du Roy, & Intendant de fes Iardins.

Ex Conuentu *Parisiensi*

F.F. Minorum *Recollectorum*

A PARIS,
Chez MICHEL VANLOCHOM, ruë fainct Iacques,
à la Rofe blanche.

M. DC. XXXVIII.
AVEC PRIVILEGE DV ROY.

Ex Dono D. Dominæ Menant.

AV ROY.

IRE,

Ayant pleu à Dieu retirer de ceste vie le sieur de la Barauderie mon Oncle, que Vostre Maiesté auoit honoré de la charge d'Intendant des Iardins de ses Maisons Royales; ie me suis trouué obligé par son ordre, de luy presenter ce Traicté du Iardinage, auec plusieurs desseins de Parterres, Bosquets, & autres pareils ornemens de son inuention. C'est vn trauail, SIRE, composé par luy en sa vieillesse, auec intention de l'offrir à Vostre Maiesté, pour luy tesmoigner, que comme il auoit employé la premiere & plus vigoureuse partie de son aage au seruice du Roy HENRY LE GRAND, de tres-glorieuse memoire, en affaires de plus grande importance, il se croyoit aussi obligé d'en consacrer la derniere aux plaisirs de Vostre Maiesté en l'embellissement de ses Iardins, desquels il a esté si soigneux durant sa vie, qu'il a eu ce bon-heur que Vostre Maiesté a demonstré en auoir eu de la satisfaction. Mais n'ayant peu luy-mesme presenter son ouurage à Vostre Maiesté, pour me rendre executeur de son desir, comme par la bonté de Vostre Maiesté; ie suis successeur de sa chargè; ie le viens en toute humilité apporter à ses pieds, & la supplier de le regarder de mesme œil, que Vostre Maiesté a receu autresfois le defunct, & de l'auoir

pour agreable de la main de celuy qui est
aussi heritier de son affection au seruice
de Vostre Maiesté, lequel employera tout
ce qu'il a d'art & de cognoissance pour
mettre en pratique ce qui est icy representé,
afin de se rendre d'autant plus capable d'y ser-
uir Vostre Maiesté, comme estant

SIRE,

De vostre Maiesté

Le tres-humble, tres-obeïssant, tres-fidele,
& tres-obligé seruiteur & subiet,

IACQVES DE MENOVRS.

ã iij

PRIVILEGE DV ROY.

LOVIS par la grace de Dieu Roy de France & de Nauarre, à nos amez & feaux Conseillers les gens tenans nos Cours de Parlement de Paris, Roüen, Toulouze, Bordeaux, Dijon, Grenoble, Aix, Rennes, & Metz, Baillifs, Seneschaux, Preuosts desdits lieux ou, leurs Lieutenans, & à tous autres nos Iuges & Officiers qu'il appartiendra, Salut. Nostre chere & bien amée Marie le Coq vefue de feu nostre amé & feal Iacques de Menours Escuyer, nostre Conseiller, Commissaire ordinaire de nos Guerres, & Intendant de nos Iardins, tutrice des enfans mineurs dudit defunct & d'elle; nous a fait remonstrer que feu nostre amé & feal Iacques Boyceau Escuyer sieur de la Barauderie, Gentilhomme ordinaire de nostre Chambre, & Intendant de nos Iardins, ayant par vne longue estude & par l'experience de plusieurs années, acquis vne tres-grande cognoissance des regles & maximes qu'il faut obseruer pour la culture & embellissement des Iardins, apres les auoir pratiquées en nos Maisons Royales de Paris, Fontainebleau, & Sainct Germain, & apporté tout ce que l'art pouuoit adiouster à la situation, & contribuer à la beauté des Iardins desdits lieux, en auroit dressé vn Traicté intitulé, *Traicté du Iardinage selon les raisons de la nature & de l'art, diuisé en trois Liures*: Ensemble diuers desseins des parterres, pelouses, bosquets, & autres ornemens seruans à l'embellissement des Iardins, lequel apres son deceds ledit de Menours son heritier & successeur en la charge d'Intendant de nos Iardins, par nostre commandement auroit fait imprimer, & auec grands fraiz fait grauer les desseins d'iceluy: Mais sa mort aussi arriuée depuis quelque temps, ayant empesché qu'il ne donnast cét ouurage au Public; ladite le Coq desirant accomplir les volontez de sondit feu mary, & mettre en lumiere ledit Traicté & Desseins, nous auroit tres-humblement supplié luy accorder nos Lettres necessaires, afin que l'honneur deub à l'estude & trauail dudit sieur de la Barauderie ne soit diminué par ceux qui imitans lesdits Desseins, voudroient par ce moyen s'en attribuer l'inuention. A CES CAVSES, desirant l'accomplissement des choses qui en sont dignes, & fauorablement traiter ladite le Coq & ses enfans; Nous leur auons permis & octroyé, permettons & octroyons par ces presentes, de mettre en lumiere ledit Traicté, Desseins, & autres choses y contenuës concernant le lardinage, en telles marges & caracteres que ledit defunct sieur de Menours les a fait imprimer & grauer; & iceux faire r'imprimer & grauer autant de fois que bon leur semblera: Faisant defenses à tous Libraires, Imprimeurs, Graueurs, & autres tels qu'ils puissent estre, d'imprimer ledit Traicté, & grauer en tout ou en partie lesdits Desseins sans le consentement de ladite le Coq & ses enfans, en vendre & distribuer que de ceux que ledit defunct de Menours a fait imprimer & grauer, ou qu'ils feront cy-apres faire, & ce pendant le temps de neuf ans finis & accomplis, à commencer du iour & datte des presentes, à peine de deux mil liures d'amende, confiscation de tous les exemplaires, & de tous dépens, dommages, & interests. Defendons sur les mesmes peines à toutes personnes de quelque condition qu'ils soient, tant Forains que de nos Sujets, que si quelques Estrangers imprimoient ledit Traicté, ou faisoient grauer conioinctement ou separément, les Desseins qui sont en iceluy au contraire du present Priuilege, d'en amener en nostre Royaume, ny d'en vendre & debiter en quelque façon que ce soit; voulant si quelqu'vn est trouué saisy d'vn seul exemplaire, ou coppie de partie d'iceluy, il subisse les mesmes peines que s'il les auoit imprimez, & sans que lesdits exposans soient tenus l'adresser à autres personnes si bon leur semble. Voulons que les presentes soient tenuës pour bien & suffisamment signifiées, en faisant imprimer le contenu en icelles à la fin ou au commencement dudit Traicté, à la charge que ladite le Coq & ses enfans en mettront deux exemplaires en nostre Bibliotheque, & vne en celle de nostre tres-cher & feal le Sieur Seguier Cheualier, Chancelier de France. SI VOVS MANDONS, & à chacun de vous comme à luy appartiendra, que vous ayez à faire ioüyr ladite le Coq & ses enfans, & ceux qui auront droict d'eux, du contenu en la presente permission, contraignant à ce faire tous ceux qu'il appartiendra par toutes voyes deuës & raisonnables, nonobstant Clameur de Haro, Chartre Normande, Prise à partie, & toutes autres Lettres à ce contraires: CAR tel est nostre plaisir. DONNE' à Paris le huictiesme iour de Mars l'an de grace mil six cens trente huict, & de nostre Regne le vingt-huictiesme. Signé, Par le Roy en son Conseil, GALLAND. scellé du grand Sceau de cire iaune.

TABLE DES CHAPITRES.

TRAITTE'
DV IARDINAGE,
SELON LES RAISONS DE LA NATVRE
ET DE L'ART.

LIVRE PREMIER.

AVANT-PROPOS.

OVS fuiuons vn labeur tres-ancien, car les premiers hommes cultiuerent la terre, leur ayant efté donné de Dieu cét exercice neceffaire, & ce trauail ordinaire, pour vne douce punition de leurs pechez: auffi ceux qui y font occupez femblent mener vne vie plus innocente.

Il y a eu de grands perfonnages employez aux *Caius Fabricius.* charges importantes de la guerre, & gouuernemens *Curius* des peuples, qui les ont librement quittées pour paffer leur vie en labou- *Dentatus.* rant: comme auffi d'autres, qui pour leurs excellentes vertus ont efté ti- *Cincinnatus.* rez de la charuë pour commander les armées.

L'ambition des hommes & leur auarice ont porté auec le temps les plus fubtils efprits aux chofes qu'ils ont eftimé plus propres à leurs intentions, laiffans le foin du labourage aux plus groffiers, & durs de corps & d'efprit. De là l'ignorance eft venuë en cét art, car ces pauures maneuures apprenans leur meftier de gens ignorans comme eux, en ont fuiuy le plus facile, mais fouuent le moins bon, ne pouuant penetrer iufques à la raifon des chofes, qui eft la guide de toute bonne œuure, & tres-requife en cette-cy.

Car pour fçauoir cultiuer les terres, il faut connoiftre leur nature, qui eft fort diuerfe: entendre la difference des climats, les degrez du chaud & du froid, & fçauoir la faculté de l'air, & des eaux, qui doiuent tous operer enfemble. La caufe de toute generation & commencement des cho-

A

ses confistant en leur mélange & temperature, comme au contraire leur intemperature en est le detriment.

La temperature sera donc la baze & le fondement de nostr. agriculture, laquelle ne se trouuant naturellement és lieux que nous auons à cultiuer, doit se faire par artifice, donnant telle preparation à la terre, que les autres elements puissent facilement entrer en elle, & par leur mélange & association contribuer chacun leurs facultez & puissances necessaires à la production : corrigeant par industrie au lieu où nous agissons l'excés qui se trouueroit en eux, & y adioustant aussi des qualitez, qui puissent seruir à nostre intention, ainsi que nous enseignerons cy-apres.

Venons donc aux outils de cette temperature auant que d'entrer plus auant en besongne, car c'est par où il faut commencer, suiure, & finir; & pour ce nous traitterons particulierement des principes & commencemens des choses, de la nature des terres & des eaux, des climats ou eleuation du Soleil, de l'air & des vents, de la mer, & de la puissance de la Lune sur les corps terrestres, puis nous viendrons à la disposition & manufacture.

CHAPITRE PREMIER.

Des Principes & Elements.

PARLERONS nous de ces œuures de Dieu merueilleuses sans admirer sa grandeur? Posséderons nous son heritage sans luy rendre hommage? Penserons nous à elles sans craindre, & reuerer la puissance? Et nous réioüyrons nous les voyant, sans chanter les loüanges de sa gloire & de sa bonté, qui les a faictes pour nous?

O Dieu dont la parole en miracles feconde
Des ombres du neant mit au iour ce grand Monde;
Et qui sage ordonnas les humides chaleurs
Dont la terre conceut les herbes & les fleurs,
Les arbres cheuelus, & les plantes vtiles,
Et de bleds nourriciers fis les plaines fertiles;
Illumine nos sens incapables de voir
Les ressorts merueilleux de ton diuin pouuoir,
Apprens nous les secrets de ta fille Nature,
Dont nous suiurons la trace en nostre Agriculture:
Donne nous de là haut les Soleils moderez,
Verse les douces eaux sur nos champs alterez,
Retien des Aquilons la rigoureuse haleine,
Etd'vn puissant secours seconde nostre peine.

A sa parole tout fut creé en vn instant, puis son bon plaisir fut de le distinguer, separant les Elemens comme par contraires, & laissant neantmoins à chacun conuenance & participation auec les autres, voire les disposa en sorte qu'ils peussent à tousiours communiquer leurs vertus ensemble, par lesquelles toute generation est faicte vegetale, animale, ou minerale.

Ces elemens sont l'eau, & la terre, contenus en vn Globe sur lequel nous marchons: l'air & le feu l'enuironnent auec les Cieux, qui sont ornez de tant d'excellentes lumieres.

Le peu d'intelligence que Dieu a donné aux hommes des grands secrets, & profonds abysmes de science, qui sont en ces œuures, a neantmoins penetré si auant, que les plus sages ont reconnu la terre estre froide & seiche, l'eau froide & humide, le feu chaud & sec, & l'air chaud & humide; de sorte que deux d'entre eux sont contraires, la terre à l'air, & le feu à l'eau; mais l'air symbolise auec le feu en chaleur, & auec l'eau en humidité: l'eau symbolise auec la terre en froideur, & la terre symbolise auec le feu en secheresse: d'où il appert que chacun element sym-

bolife auec deux, qui les rend infeparables. Car fi l'air eſtoit oſté au feu,
la chaleur du feu feroit eſtouffée & morte, ſi l'air eſtoit priué du feu, tout
feroit eau; & ſi l'eau eſtoit oſtée de l'air, tout feroit feu; & ſi la terre n'e-
ſtoit meſlée en eux, ils ne feroient corps ſubſtantiels, ny palpables.

L'eſprit humain a encor penetré plus auant, diſant qu'il y a des principes qui ſont ſimples eſquels les choſes compoſées fe reſoluent, & qu'ils
furent la premiere matiere creée : ne trouuant autres noms qui leur
ſ.ient propres, ils les ont nommez mercure, ſoulfre & ſel, non qu'ils
foient mercure, ſoulfre & ſel vulgaires, ains choſes beaucoup plus pu-
res & ſimples; mais à cauſe de l'analogie & conuenance, dautant qu'entre tous les corps compoſez & meſlez, il n'y en a point de ſi ſimples que
le mercure, ſoulfre & ſel vulgaires, ne qui conſtituent trois ſubſtances du
tout ſeparées comme eux, foubs leſquelles toutes les autres du monde fe
rapportent.

Or ces trois principes reueſtus des elemens, bien que ſimples, baſtiſ-
ſent les corps materiels compoſez & meſlez, augmentez & entretenus,
iufqu'au terme qui leur eſt preſcrit pour fin, le mercure donnant la vie,
le ſoulfre l'accroiſſement, & le ſel liant & entretenant ces deux, & con-
tribuant la fermeté & ſolidité.

Le mercure eſt cette liqueur aigre, penetrante, qui ſe faict place aiſé-
ment, pure, ſubtile, viue, pleine d'eſprits, nourriture de la vie : de luy
viennent les couleurs qu'il diuerſifie ſelon le meſlange du ſoulfre, & ſel,
qui ſont ioints à luy.

Le ſoulfre eſt cette humidité douce, huileuſe, gluante, ſubſtantielle, la
nourriture de la chaleur naturelle, qui a vertu d'aſſembler & coller; les
odeurs viennent de luy, & il les donne bonnes & foueſues, s'il eſt pur, fortes & faſcheuſes, ſelon qu'il eſt meſlé de ſes compagnons.

Le ſel eſt vn corps remply de vertus merueilleuſes, de puiſſances infinies, leſquelles il exerce ſelon les autres corps qu'il rencontre : le plus terreſtre eſt fixe, qui eſt le ſel commun; le plus aëré eſt volatil, qui eſt le ſel
ammoniac; & le plus aqueux eſt le ſalpeſtre, qui tient du fixe, & du volatil. La faculté des ſels eſt de donner les faueurs, leſquelles ſont variées, &
differentes ſelon le meſlange qui ſe trouue en ces principes; car le ſimple
eſt purement ſalé, celuy qui eſt meſlé de ſoulfre eſt doux, meſlé de mercure il eſt aigre, & du meſlange de ces trois, ſe fait l'amer, l'acre, & le
fur.

Ceux cy ſont les plus nobles & ſubtils eſprits, la couleur, l'odeur, & la
faueur, ſortans du mercure, ſoulfre, & ſel contenus és choſes meſlées, &
compoſées par nature. Ces trois principes ne ſont point trouuez l'vn ſans
l'autre; car ils ſont inſeparables; le mercure diſſoud le ſoulfre, le ſoulfre
coagule le mercure, & le ſel par ſon acrimonie les penetre, les lie, & aſ-
femble, & tenant du fixe & du volatil, les domine & employe, & eux
eſtans liquides luy obeyſſent. De meſme eſtans enſemble ils retiennent,
lient & aſſemblent les elements, par l'ayde deſquels eſt faicte toute ge-

neration, foubs les puiſſances ſuperieures & influence des corps celeſtes, ſoubs leſquels Dieu les a conſtituez.

CHAPITRE II.

De la Terre en general.

IEV diſpoſant ce tout mit la terre au milieu, luy donnant puiſſance & faculté de conceuoir, d'engendrer, de nourrir, & d'éleuer toutes les choſes qu'elle contient, deſquelles les ſemences, & les matrices ſont en elle : car tirez de ſes entrailles, voire d'vne profondeur exceſſiue quelque quantité de terre, & la mettez à l'air, quand le Soleil & la pluye l'auront viſitée à ſuffiſance, elle produira en ſaiſon, ſans autre ſemence ; les meſmes plantes qui ſont communes en la contrée, icy infinies, differentes entre elles, & là infinies autres differentes à celles-cy : ayant voulu la diuine prouidence doüer diuers endroits de la terre de choſes diſſemblables, comme il luy a pleu, pour n'aſſouuir noſtre cupidité ſans quelque peine, nous donnant par ce moyen occaſion d'vſer de charité enuers nos freres, leur portant du noſtre allant chercher du leur.

A cette production la terre fournit du ſien, outre ce dont elle participe des autres, principalement la ſolidité, laquelle elle contribuë par le moyen du ſel vegetant, dont elle eſt pourueuë, qui eſtant meſlé des autres principes, par ſa vertu coagulante & penetrante retient, meſle & aſſemble les puiſſances des elements neceſſaires à la generation : tout ce qu'elle produit abonde en iceluy, duquel la durée & la vertu ne ſe perd point, meſmes en la perte des corps où elle l'a employé il ſe conſerue, & quand ils ſont morts, & retournez en elle, ce ſel agit de nouueau, & augmente la vertu de ſa mere, il en reſte és cendres, & dans les ſiens, quand les corps terreſtres ſont conſumez par feu ou pourriture ; les excremens des animaux en ſont pleins, ainſi qu'eux-meſmes, & la nourriture qu'ils prennent. C'eſt ce ſel, auquel Ieſus-Chriſt comparoit ſes Apoſtres, leur diſant, *Vous eſtes le ſel de la terre, & ſi le ſel perd ſa ſaueur, dequoy le ſalera-on ?* Son ſainct Eſprit vſant de cette maniere de parler nous a enſeigné le grand ſecret de l'agriculture, car c'eſt luy qui guide les autres, les employant au deuoir auquel ils ſont deſtinez : c'eſt l'excellent outil de la nature, ſans lequel la terre demeure ſterile. De là vient que quand la terre a produit des plantes & fruits qui contiennent abondance de ce ſel, ou des autres principes qui luy ſont adioints, il faut la laiſſer chommer, afin qu'elle ſe fourniſſe de nouuelle vertu generante, & de ſa ſaueur, ou bien que nous luy en rendions de celuy qu'auons mis en reſerue, ſinon quand nous aurons trop tiré de ſa ſubſtance, elle produira à regret, auec moins de puiſſance, voire au lieu de ce que nous deſirons d'elle, elle abaſtardira les plantes, ou en produira d'autres ſelon ſa force.

Or comme la terre eſt variée en ſa production auſſi l'eſt-elle en ſoy-meſme, y ayant grande difference és terroirs pour ce qui eſt de la ſurface, auſſi bien qu'en ce qui eſt de l'interieur : & combien que tous ſoient pour-ueus de ce ſel, c'eſt differemment, les vns plus, les autres moins : de meſ-me auſſi tous arbres & plantes n'en abondent pas en meſme meſure, voire ne ſeroient pas tous capables d'en receuoir abondance, ny de ſupporter ſa force, & ſa vertu qui les ſuffoque, quand elle outrepaſſe leur meſure.

Ce ſel auſſi n'eſt pas touſiours vn, car ſelon qu'il eſt participant plus ou moins de quelqu'vn de ſes adioints & elements, il change, ou ſelon qu'eſt participant d'iceux le ſuiet auquel il agit, ainſi que nous apperceuons en la diſſection des plantes. Prenez quelque plante qui ſoit en la perfection de ſa croiſſance, & en tirez les eſprits, vous trouuerez ces plantes pour-ueuës des quatre elemens, mais l'vne plus de l'vn, l'autre plus de l'autre, ſelon qu'elles ſont temperées : vous en tirerez ce ſel vegetant duquel nous parlons, par la vertu duquel ſont contenus & agiſſent les autres en la plante; vous en tirerez l'huile combuſtible, ou ſoulfre, qui eſt le bau-me, & graiſſe de la terre, où ſe conſerue la chaleur naturelle ; vous en tirerez l'humeur mercuriale & criſtaline, qui eſt l'eau & l'air aſſociez enſemble, comme il a pleu à la ſouueraine prouidence les eſtablir, en ces eſprits meſme, y a encor des eſprits particuliers, la couleur, l'odeur, & la ſaueur, qui ſont ceux qui s'en vont les premiers en la deſtruction des plantes, comme les plus ſubtils & excellens, deſquels la vertu s'aug-mente ſelon la force du Soleil qui les regarde.

CHAPITRE III.

Des Terres en particulier, & de leurs differences.

LA Terre est faite par lits & couches l'vne sur l'autre de diuerses espoisseurs, mais ordinairement proches de la surface ils ont vn pied d'espois plus ou moins ; il n'y a que la terre de la surface, ou qui autre-fois en a esté, qui soit parée à la production, ayant esté temperée par les autres elements qui ont eu accés à elle, & de degré en degré les plus prochains licts. La bonne est noire, grasse, poreuse, amassée en gros grains qui s'entretiennent fermement, aussi on la nomme terre forte, & de cette-cy y en a trois sortes differentes en leur fond : l'vne, qui a le prochain lict meslé de pierre viue, dure, cassante, est la meilleure, car elle produit tous arbres & plantes qui demandent grande nourriture, & le Poirier entre autres l'aime, & y vient tres-grand, s'attachant profondement à son fonds qui est ferme & mollet, par veines differentes : declinant de bonté elle est de couleur tané obscur ; declinant dauantage tané clair ; puis allant en pis elle tient du rouge iaunastre, pallissant à mesure que son fonds se descouure, qui est meslé de pierre : Cela s'apperçoit dans les costaux & montagnettes, qui estant lauées des pluyes, l'eau trop abondante dissout le sel vegetant, & le mieux appresté de la terre, qu'elle emmeine auec elle, coulant dans les fonds. L'autre semblable en la surface a le second lict plus proche composé de tuf, qui sont petites pierres blanches, comme croyes amassées fermement ensemble. L'autre aussi semblable en la surface a le fonds d'argille trop amassé, & tenant l'eau, ce qui rend ces deux terroirs moins propres aux arbres, à cause que leurs racines ne peuuent penetrer ces deux sortes de fonds pour s'y attacher fermement, & profondement, ny le sel vegetant monter par dedans assez facilement, qui faict qu'ils se trouuent tous deux insipides : ces trois sortes de terre en leurs forces portent le froment & legumes, puis l'orge & l'auoine, & l'hyeble y vient naturellement, & les grands chardons.

Vne autre terre est noire aussi, approchant de prés la bonté de la premiere, est plus facile à la culture, ayant le grain menu & sans pierre, ainsi que son second lict, elle est ditte Varenne douce, & y a peu d'arbres & plantes qui ne prennent plaisir en elle ; les Pruniers entre autres : aussi est-elle la plus propre pour les iardins, elle porte le froment & legumes, & declinent de force le segle, l'orge & l'auoine, l'hyeble y vient naturellement, aussi faict la feugere, ce qui montre sa bonne temperature, l'vne venant naturellement en terre grasse, & l'autre en terre maigre : vne autre tient de ces deux, estant grasse &

graueleuse, meſlée de cailloux, ſon fonds eſt pareil; & pour ce les arbres l'aiment, ſpecialement les Pommiers, les Ceriſiers, & Chaſtagners;
és lieux où elle abonde plus en graiſſe elle porte l'hyeble, & où elle eſt
plus graueleuſe la feugere. Vne autre toute ſablonneuſe & ſans pierre
eſt propre pour toutes ſortes de bleds, mais ſon fonds eſtant argilleux
donne la mouſſe aux arbres, & les tuë. Vne autre ſablonneuſe auſſi,
ayant ſon fonds de gros ſable, eſt encor moindre pour toutes choſes,
eſtant déiointe & mal liée, à faute de graiſſe. Vne autre a vne graiſſe
argilleuſe en la ſurface, & ſon fonds eſt croye, vaut peu de choſe pour
l'inſipidité qui eſt en ces deux ſi diuers terroirs, à cauſe que leur corps
qui eſt trop preſſé & lié n'eſt aſſez aëré.

Or il y a ſi grande diuerſité és terroirs qu'on ne les peut ſpecifier
tous, & eſtans ceux-cy les plus communs, il ſuffira de dire que les meilleures terres ſont celles qui ſont plus propres à receuoir & contenir en
elles les autres elemens par mediocrité & temperie, & les moindres
ſont celles qui ne les peuuent receuoir pour leur dureté, ou bien celles
qui pour leur foibleſſe & legereté ne les peuuent contenir; comme ſont
l'argilie & le ſable; car l'argille pour eſtre trop liée, preſſée & gluante
ne laiſſe penetrer en ſoy l'air, ne le Soleil, & l'eau croupiſſant deſſus la
morfond: le ſable au contraire trop ouuert & deſtaché ne les peut
retenir, & les laiſſe paſſer.

Prenons donc ces deux ſortes de terres differentes de naturel, & eſ-
ſayons de les amender, les rendans capables de receuoir & profiter de
la frequentation des autres elemens: les vices contraires qui ſont en elles eſtans rabilliés, nous apprendrons aſſez ce qui ſera de faire en toutes ſortes de terroirs, ceux-cy eſtans les plus inſipides, & deſaſſaiſon-
nez: auſſi les faiſeurs de bricque les meſlent, & s'en ſeruent, les trouuant tous deux ſans ſaueur, qui eſt noſtre ſel; car s'il y en auoit, attendu qu'il ne perit point par le feu, ſa force vegetante ruineroit auec
le temps leur ouurage, & la maſſonnerie qui en ſeroit faitte.

Doncques prenant l'argille la premiere nous la trouuerons preſſée
& amaſſée enſemble, ſans pores, ne donnant lieu à l'eau de couler dedans aſſez facilement; ou apres en eſtre imbuë par le temps, ne ſe deſ-
ſecher qu'auec vn autre trop long temps, ne laiſſant non plus penetrer
le Soleil en elle, choſe contraire à la nature des bonnes terres, qui demandent la varieté du chaud & de l'humidité, pour eſtre renduës temperées par ces deux contraires; car demeurant trop long temps moüillée, ou trop long temps ſeiche, elles patiſſent de l'vn comme de l'autre; & ces choſes dependantes plus du temps que du deſir des terres,
ou du noſtre, il faut que par artifice nous les preparions, afin que les
pluyes, & la ſechereſſe arriuans, elles ſoyent preſtes d'obeyr, receuans
promptement & facilement l'vn & l'autre.

Cela ſe fera principalement par vn bon & profond labourage, qui
releuans la terre à hauts ſeillons, ou mottes en pyramide, donnera
                                                            moyen

moyen à l'air & au Soleil de s'incorporer & de penetrer auant, & à l'eau
de couler, lequel labourage doit estre fait en temps sec, soit froid ou chaud,
& reiteré deuant que la terre soit derechef affaissée : car toute terre estant
de nature pesante s'affaisse de sa propre pesanteur, si elle n'est souleuée.

Nous empescherons encor son affaissement, si nous la meslons de
fien fait de paille, ou feüilles, qui ne soit qu'a demy pourry ; car il la se-
parera, & acheuant de pourrir, luy mesme s'eschauffant, aydera d'é-
chauffer la froideur qui est en cette terre, outre l'aliment qu'il luy donnera, estant pourueu de sel.

La terre sablonneuse au contraire, n'estant assez pressée & liée ensemble à faute de graisse, laisse passer dans elle trop promptement l'eau
sans en faire profit, & le Soleil la penetrant facilement la brusle . n'y
trouuant humidité pour le temperer. A cette-cy ne faut si grand labourage qui doit estre fait en temps humide, la meslant de fien gras,
bien pourry, la faut laisser affaisser de son poids ; voire ce fien n'aura
pas moins d'efficace en elle, estant employé dessus peu de temps deuant la pluye, que si vous l'enfoncez dedans ; pource que la pluye venant à dissoudre le fien s'en engraissera coulant plus lentement, & son sel
prest à bien faire demeurera en la surface où il doit faire son operation.

Il se trouue aussi dans l'interieur de la terre en quelques contrées vne
maniere de croye, qui est ditte marne, laquelle estant meslée auec le
sable, l'air & la pluye la dissoudent, & deuient paste, auec quoy le sable prend corps, & se faict plus ferme.

Ainsi de toutes sortes de terres considerant leur nature, nous amen-
derons les defauts qui la rendent intemperée, estant trop dure & pesante, la souleuant ; estant trop legere, la raffermissant ; estant trop
maigre, l'engraissant ; trop grasse, l'amaigrissant ; trop humide, la de-
seichant ; trop seiche, l'humectant ; trop froide, l'eschauffant ; trop
chaude, la rafraischissant. Toutes lesquelles choses se doiuent faire a-
uec les cendres, ou les fiens diuers, ou par le meslange d'vne terre a-
uec l'autre ; & par la force du Soleil, luy rendant la terre plus facile à
penetrer, & rendant à luy-mesme sa force & vigueur plus grande, ou
bien en escoulant les eaux, ou les donnant plus abondantes. Tenant
pour maxime que la temperature des autres elements auec la terre, est
le nœud de la matiere produisante.

Les terres que nous disons les meilleures ont aussi besoin de ce sou-
leuement par le labourage, pour remede à leur pesanteur naturelle, &
faciliter le meslange des autres elements ; lequel labourage doit estre
fait principalement és saisons temperées, lors mesme que la terre est
en bonne temperature, ne trop seiche, ne trop moüillée, de crainte
qu'estant trop seiche le labourage ne la rende en poussiere, & estant
moüillée en boüe ou paste, chose contraire à la production de la terre.
On connoistra plus particulierement le goust des terres, si en creusant
deux pieds de profond vous mettez vne poignée de cette terre dans vn

B

verre la deſtrempant auec eau de pluye, ou autre bonne eau, puis laiſſent raſſoir, & la terre eſtant au fonds du verre vous gouſterez de cette eau éclaircie, qui teſmoignera ſi la terre eſt amere, ſalée, ou a autre
mauuais gouſt ou odeur, qu'elle contribuëroit aux plantes qu'elle nour-
riroit ; ce qu'on doit euiter ; car le rabiller ſeroit malaiſé , ou impoſſible. Au contraire ſi vous trouuez odeur ou ſaueur plaiſante & douce,
en cette eau, choiſiſſez telle terre qui produira tous bons fruits & plantes que luy donnerez à nourrir.

C'eſt de-
quoy on
dit le vin
ſentir le
terrouer.

CHAPITRE IV.

De l'Eau en general, & en particulier.

'EAV eſt tellement conioínte à la terre, & ont enſemble telle ſocieté, qu'il eſt impoſſible qu'elle ne
participe à ſes ſaueurs ; car coulant en ſa ſurface,
ou dans ſes veines , elle diſſoult par ſa fluidité le
ſel vegetant , & s'en approprie quelque choſe ,
dont elle parfaiᵭt ſon gouſt , qui neantmoins n'eſt
point diſcerné gouſt , ſinon quand trop ou trop
peu il participe de ce ſel, ou des autres qualitez
qu'elle rencontre, ſelon que ſont aſſaiſonnez les lieux par où elle paſſe.
Elle fournit à la generation la liquefaᭋion , de qualité froide & humide, laquelle ayde grandement au meſlange, aux exhalaiſons neceſſaires , & à faire couler l'humeur , qui eſtant ſuccée par les racines ,
monte & ſe diſtribuë iuſqu'aux extremitez de ſes obiets. Elle contri-
bue à la matiere produiſante les qualitez qu'elle a acquiſe dans la terre,
qui contient en ſoy des differences de grand efficace , tant de ſortes de
ſables , d'argilles , & pierres differentes entre elles, minieres diuerſes de
metaux, de ſel, de ſoulfre, d'allun, de vitriol, iayet, tale, charbon, bitume, & autres de puiſances merueilleuſes, parmy leſquelles trauerſant,
elle nous en apporte des teſmoignages, la connoiſance d'aucuns facile, d'autres malaiſée.

La meilleure à boire eſt la plus claire & luiſante , qui a vne ſaueur
fermette, en ſa fraiſcheur humide, paſſant legerement ſans laiſſer gouſt
qu'on puiſſe diſcerner, elle ne doit auoir odeur, ne ſa couleur aucunement empeſcher celle du vaſe où elle eſt veuë. On éſprouuera ſa bonté, ſi en boüillant elle s'euapore promptement, ou ſi eſtant trop refroi-
die , elle ne laiſſe au fond du vaiſſeau aucun limon , ou grauier ; ou ſi
en iettant des gouttes d'eau dans vn baſſin bien fourby , venant à ſei-
cher , elle n'y laiſſe des taches : ſi les legumes cuiſent facilement en elle : ſi elle nettoye bien toutes choſes en lauant , & adoucit le cuir des
mains : ſi elle reçoit facilement les teintures ; mais principalement ſi dedans ſon baſſin naturel, ou coulante en ruiſſeau elle n'y engendre mouſ-

fe, limon, ny ione, & qu'elle y parroiffe nette & luifante, marque certaine qu'elle fera fimple, non compofée. Elle fe trouuera telle quelquefois dans les puits creufez en bon terroir, & plus fouuent dans les fources, mefmes en celles qui font dans les coftaux de bon terroir, ou aux
pieds d'iceux, regardant le Leuant, & Midy.

Or bien que cette-cy foit auffi la meilleure à noftre labeur, il fuffira
pourtant, quand nous en aurons de celle qui plus facilement fe recou-
urera, pourueu qu'elle n'aye point de mauuaifes qualitez; car il s'en
trouue de dangereufes, les vnes mortelles, d'autres qui caufent de grandes maladies : de là vient qu'en des contrées le commun peuple a des
enfleures à la gorge, qu'on nomme goiftres; en d'autres ils acquierent
les efcroüielles; en d'autres ils font fubiets à l'hydropifie, coliques, &
pierres. Il y en a aucunes, qui au lieu de lignifier petrifient, aucunes
qui deuiennent elles mefmes pierre : ce qu'eftant cognu par les anciens
fages, ils auoient vn grand efgard à la qualité des eaux, quand ils s'en
approprioient, prenant mefme garde à la difpofition du peuple, habi-
tant prés les fources, qu'ils vouloient choifir pour leur vfage.

Au contraire auffi il y a des eaux qui outrepaffent en vertu celles
que nous difons les meilleures : comme les eaux chaudes, qui ayant
paffé par lieux fulphurez gueriffent certaines maladies; fi elles ont paffé par le vitriol, alum, ou bitume en gueriffent d'autres. Il s'en trouue qui incitent dauantage les animaux à la generation; d'autres qui di-
uerfifient la couleur de leur poil & laines. Ces confiderations font de
grand poids pour noftre labeur, car il n'y a doute que puifque les eaux
tirent ces varietez de la terre, que la terre & les eaux ne les contribuent aux plantes & aux fruits, & les fruits & les plantes à ceux qui
en vfent.

CHAPITRE V.

Du Soleil en general.

E Soleil eschauffe & deffeiche auec fi grande amour
& douceur, qu'il femble que ce foit luy qui donne vie à la nature; car comme il s'approche toutes
les plantes croiffent & multiplient auec diligence
merueilleufe, la terre employant fon foin à s'embellir tout le temps qu'il monte, la regardant iournellement de plus prés : puis quand il vient à s'é-
loigner elle deuient languiffante, trauaillant lente-
ment, pluftoft (ce femble) pour fe conferuer, que pour s'accroiftre, ou
pour fe preparer, & rendre derechef belle au retour du Soleil. Il exhale l'humeur, & defenyure la terre, attirant d'elle les eaux defquelles
font faictes en la moyenne region de l'air la pluye & les neiges, par
lefquelles fondantes elle eft de nouueau alimentée.

Il eft maiftre des années, des iours, & des faifons, lefquelles nous
contons felon fon cours ; fa chaleur eft grandement differente, felon
qu'il eft proche ou éloigné de nous, foit au cours par lequel il parfait
l'année, foit en celuy par lequel il parfait les iours : elle eft grandement differente encor felon fon eleuation fur les contrées diuerfes de
la terre, l'ayant plus vigoureufe en celles qui font vers le Midy, &
plus lente en celles qui font vers le Septentrion ; & c'eft ce que nous
appellons difference de climats. Toutes lefquelles differences fe font
felon que fes rayons font iettez perpendiculairement & à plomb fur
la terre, ou qu'ils approchent de cette perpendicule : tout ainfi que les
coups de canon entrent plus auant dans vne muraille ou rempart, la
rencontrant en angle droict, que s'ils biaifent ; ainfi agiffent fes rayons
fur la terre, fur les corps, voire fur les efprits, employant en eux la
force de fa vertu, qui eft d'efchauffer & deffeicher.

Nous connoiftrons facilement cette difference par les effects, ne
changeant que d'vn degré de fon eleuation, qui eft d'enuiron trente
lieuës : mais nous le verrons plus clairement nous éloignant iufques
aux contrées & nations qui aboutiffent la France, ayant du cofté de
Midy l'Efpagne, & du cofté de Septentrion la baffe Allemagne, qui
ne font à plus de deux cens lieuës l'vne de l'autre. Les fruits, les vins,
les pafturages qui viennent en l'vne & l'autre contrée, font grandement differens de gouft & de faueur, & y en a de plufieurs fortes en
l'vne qui ne peuuent venir en l'autre : leurs animaux mefmes different
grandement ; voire le naturel des hommes. Cela prouient de la force
& vertu du Soleil, plus grande en vne contrée qu'en l'autre, qui attire

dauantage l'humeur , deſſeiche & purifie les eſprits qui ſont affadis ,
& appeſantis par trop d'humidité.

Or bien que les Philoſophes ordonnent le ſiege , ou feu elementai-
re autre part , nous qui ne le connoiſſons pas , & qui voyons & ſen-
tons le pouuoir du Soleil faire ce que nous pourrions deſirer du feu e-
lementaire , quand il ſeroit en noſtre diſpoſition , auſſi n'en chercherons nous point d'autre en noſtre labeur preſent , car il nous ſuffira
d'eſtre veus de luy , qu'il regarde noſtre iardin , & luy departe ſa vertu puiſſante encor plus remplie de merueille que de chaleur.

CHAPITRE VI.
De l'augmentation de la force du Soleil.

QVAND donc nous auons beſoin de plus grande vigueur au Soleil , pour parfaire quelque choſe de
noſtre intention , nous trauaillerons en cette maniere , car touſiours nous n'aurions pas la volonté,
ny le moyen de changer de contrée pour l'effect
preſent : mais choiſiſſans au lieu où nous nous trouuons vn coſtau de bon terroir , prenons en la face
qui regarde le Midy , elle ſera par meſme moyen
veuë du Leuant & du Couchant , & ioüira tout le long du iour de la
chaleur du Soleil : l'eleuation du coſtau aydera auſſi a faire que les
rayons du Soleil donneront perpendiculairement deſſus la terre , &
ceux-cy ſont deux aydes merueilleux à ſa force. Dauantage la hauteur
du coſtau , & ſon eſpoiſſeur oppoſée au Septentrion , empeſchera la rigueur du froid & du vent qui viennent de ce coſté là , leſquels affoi-
bliſſent grandement la force du Soleil : & de cette façon vous aurez
vn tres-puiſſant Soleil , & peut eſtre trop.

Or s'il aduient que nous nous trouuions naturellement ou expreſſé-
ment ſituez en tel climat ou aſpect , que la trop grande force du Soleil
nous bruſlaſt , ou empeſchaſt quelques ſortes de fruicts , ou plantes
(qui ne veulent tant de chaleur) de venir ſi gaillards & amples que nous
deſirons : pour oſter cette intemperie il faudra faire prouiſion de ſon
contraire , qui eſt l'eau , & auec elle arroſant la terre ſouuent & abondamment temperer la chaleur. Vous deuez croire qu'ayant le Soleil &
l'eau commodes & abondans , vous deſirerez peu de choſes en ce labeur dequoy vous ne veniez à bout , car ce ſont les aydes principaux,
& les plus puiſſans à ce meſtier , pourueu qu'on les employe à propos.

La force du Soleil s'augmentera auſſi , ſi au lieu du coſtau & montagnette nous éleuons des murailles & des fortes hayes , ou hauts bois
en ce meſme aſpect , qui ayderont à ce que i'ay dit , mais non auec tel
pouuoir & commodité. Il y a des arbres & des plantes ſi abondantes

en branches, & feüillages, qu'elles empefchent le Soleil d'efchauffer la terre où elles font nourries, faifant vn grand ombrage à l'enuiron de leur pied, & racines : quelquefois auffi eftant plantées prés à prés elles empefchent l'vne à caufe de l'autre fes rayons, qui felon les climats font foibles pour la cuiffon du fruict, qui a befoin de beaucoup de cha- leur. En tels climats peu chauds faut planter loin à loin, & éleuer les plantes & leurs fruits, qui font refroidis par la proximité de la terre, & par leur propre ombrage, donnant des aydes aux plantes foibles, afin que l'air & le Soleil les voyent pleinement, & que la terre en foit plus facilement échauffée. Et par le moyen du verre qui fera mis à l'enui- ron des plantes & fruits, en forme de cloche, le Soleil penetrera auec plus de force ; ainfi que nous voyons fes rayons allumer du feu par l'ay- de d'vn miroir ardant, ou boule de criftal.

Les fiens nouueaux amaffez enfemble, rendent vne chaleur douce, propre à conferuer les arbres & plantes, qui craignent la gelée, & font auant la faifon naiftre les graines, qui font femées deffus, & auancent la production des autres plantes qui reçoiuent leur chaleur.

CHAPITRE VII.

De l'Air & des Vents.

L'AIR fournit à la generation l'efpace, duquel il eft le maiftre, occupant tout le vuide, & fe meflant encor parmy le maffif ; il penetre, fe laiffant afpi- rer facilement : il fait place quand il a moyen de fortir, & ne laiffe fortir, s'il n'a moyen d'entrer, afin que rien ne demeure vuide. Sans luy le meflan- ge des autres ne pourroit fe faire, ny aucune chofe s'efleuer, ny aggrandir, ny viure fans luy, & de- dans luy. Ceux qui ont mieux cognu fa qualité l'ont dit chauld & humi- de, & neantmoins celuy que nous refpirons eft frais, foit de fa qualité naturelle, ou par acquifition de la froideur terreftre, de laquelle il eft proche : nous fentons cela non feulement en refpirant, mais auffi en chaffant l'air auec l'éuentail, il s'amaffe & affemble plus preffé, d'où fe fait fafraifcheur d'autant plus grande. Les vents qui le chaffent luy caufent vn mefme effect, nous rendant vne fraifcheur douce & gra- cieufe l'efté, lors mefme que l'air eft plus efchauffé par les rayons du Soleil, & l'hyuer augmentant la rigueur de fa froidure. Les vents mefme ne font autre chofe, difent-ils, qu'vn air agité par les vapeurs & exha- laifons, lors que le chaud & l'humide fe rencontrans caufent ces redon- dances de mouuemens. Nous cognoiffons neantmoins les vents mainte- nir leur place, & augmenter & diminuer leur force quelquefois en temps prefix, & quelquefois hors temps. La connoiffance de leurs qualitez nous est grandement necessaire, car ils ont grande puissance en nostre labeur, y apportant profit ou dommage, selon leurs temperatures: voire en vsant seulement de leur force ils abatent les fruits & les arbres, & des forests toutes entieres, & souuent leurs qualitez apportent de grands dommages aux fleurs & fruits nouuellement formez, en engendrant des animaux veneneux qui mangent & deuorent les feüilles & nouueau iect des arbres; mesmes les fruits estans recueillis & serrez ne laissent d'estre sous leur domination, ainsi que la santé des hommes: & cela differemment en diuerses contrées. Ils se ioüent de l'air, de la pluye, des gresles, meslant parmy le foudre, les tonnerres, & les esclairs, ou pour dire mieux, eux & les foudres obeyssent au vouloir du Toutpuissant comme les Sergents de sa Iustice; car l'esprit humain n'a peu penetrer iusques à la cause de ces mouuemens si diuers & admirables, qui sont és vents, ny connoistre entierement la qualité generale de l'air, qui se trouue si differente en diuers lieux de cét Vniuers.

Les Philosophes en establirent anciennement quatre principaux, *Solanus* du costé du Soleil leuant en l'Equinoxe: *Auster* du costé de Midy: *Fauonius* au Soleil couchant au mesme temps: & *Septentrion* en la partie de laquelle il emprunte le nom. Depuis ils en meslerent quatre autres parmy ceux-là, & depuis les mariniers qui en cognoissent dauantage en ont nommé trente-deux.

Tirons donc vne figure pour les discerner selon leurs noms, & pour sçauoir de quelle partie du Ciel ou de la terre chacun d'eux nous vient visiter, & ce qu'il nous en apporte.

Le Nort qui est au Septentrion, diametralement opposé au Sud, qui est au Midy, luy est du tout contraire, estant le Nort froid & sec : il purifie l'air, & les humeurs des corps, lesquels il raffermit, restreignant les pores ; son soufflement est aigu & penetrant, & augmente grandement la rigueur du froid, arreste la nature qui semble par luy estre hauie ; autant qu'il est rude en hyuer, autant est-il sain en esté. Le Sud au contraire est chaud & humide, pestilent, empesche les vertus animales & vegetales, rend les corps lasches & pesans, ouurant les pores ; il engendre tonnerres & pluyes, tempestes en mer.

Entre ces deux en angle droit sont aussi opposez, l'Est, & l'Oüest, tous deux temperez des qualitez contraires des deux autres : l'Est en Orient en suitte du Nort apporte par sa temperature tranquillité à l'air, & santé au corps, estant accompagné plus souuent de nuées que de pluyes.

L'Oüest venant d'Occident en suitte du Sud ameine des humiditez & pluyes, & par sa temperature fait fructifier la terre, auance les fleurs, & fauorise toute production.

Les quatre autres vents également scituez entre ceux-cy ; à sçauoir Nort-est, Sud-est, Sud-oüest, & Nort-oüest, ores qu'ils soyent aussi dits principaux, ont leurs qualitez composées de celles des premiers, qui leur sont proches ainsi que leurs noms : & de mesme les demy-vents, & autres rums qui sont entre eux, selon qu'ils en sont proches ou esloignez. Estant la principale difference des vents du Nort au Sud comme les contraires, à cause de leurs regions, où la force du Soleil est grandement differente. Selon aussi la situation des lieux, & éleuations des montagnes, ou hautes forests, aucuns vents sont guidez, renforcez, ou empeschez ; voire mesme il y a des contrées ausquelles certains vents sont plus ordinaires & plus differens en force & puissance qu'ils ne sont ailleurs. Ce qui pouuant estre mieux cognu par les habitans que descrit, les sages tascheront de se garentir des plus dangereux, leur opposant des conrregardes, ou se mettant à couuert par elles, cherchant en l'air & aux vents cette temperature, de laquelle nous auons si grand besoin en nostre labeur.

CHAP.

CHAPITRE VIII.

De la Mer.

Ovs n'entreprendrions de parler de la Mer sans le sel produisant, que nous cherchons par tout, pour nous en accommoder, car les abysmes profonds des merueilles qui sont en elle ont estonné les plus sages, qui ne les ont peu comprendre : elle a encor englouty grand nombre de ceux qui trop auarement vont cherchant ses richesses, & n'est raisonnable de mettre la sonde trop auãt en ses secrets. Soit donc dit seulement en passant, que ce sel dont la terre est pourueuë, estendant sa vertu vegetante de tous costez, cherche la surface pour y agir selon sa nature, ne laissant endroit de la terre qui ne soit embelly de son excellence. Or venant à rencontrer ce grand & infiny espace que la mer couure : il se dissoud en elle, & de luy se fait *Pourquoy* sa salleure, dont elle a participé depuis la separation du tout ; & la com- *l'eau de la* me en terre il est auec ses adioints principe de la generation vegetale *mer est* & animale, des plantes & poissons qui y croissent, s'engendrent, & *sallée :* nourrissent : auec ce le Soleil attirant par ses rayons le plus subtil de l'humidité de la mer, vient à cuire & renforcer son goust.

Que la mer soit pleine de ce sel, il se voit en ce que l'eau de la mer croupissant sur terre elle l'engraisse plus que chose du monde ; mais elle tuë tout ce que la nature produit & nourrit sur terre, iusques aux plus grands arbres qui en sont suffoquez, dautant qu'ils ne peuuent receuoir son abondance, estans nourris en vn plus petit ordinaire. Mais laissons desseicher la terre qui aura esté abbreuuée de l'eau de la mer, & en la labourant donnons luy moyen d'éuaporer le superflu, par l'air & le Soleil qui la visiteront, apres que les pluyes l'auront lauée, vous n'auez iamais veu terre si fructueuse que sera cette-cy : ainsi qu'il aduient quand les Sauniers ayant les bossis des marais salans, vuides de sel, sement du bled dessus apres auoir faict comme nous venons de dire. Mesme le sel commun estant faict de l'eau de la mer desseichée n'est pas sans vegetation : nous le serrons dans des greniers à couuert, & il perce les murailles espaisses, & les ruine : les Pigeons qui l'aiment le vont chercher parmy les pierres & le sable, s'attachans aux murailles dans lesquelles il est contenu : sa vertu conseruant les viandes que nous en salons ne vient-elle pas de son principe qui ne se consume point ? Ie m'esbahy de ce qu'en signe de malediction on a ietté du sel sur la terre, puis qu'il peut seruir à la rendre fructueuse, quand par raison & mediocrité il sera infus en elle : car ce que le sel (soit infus de par soymesme, soit actuellement dans les fiens qui en contiennent beaucoup)

C

tuë les plantes , ne vient que de l'excés , & de la furabondance d'iceluy ; & ce que par fois la terre qui fe rencontre fous les grands tas de
fumier que nous y portons demeure infructueufe, c'eft pour auoir receu trop de fel fuftentant , & quand le trop en eft euaporé elle produit tres-abondamment; de maniere que le bled qu'on y feme y vient
plus efpais , plus verd & vigoureux qu'ailleurs. Ainfi depend du bon
iugement du Iardinier de bien temperer fa terre , felon la nature des
plantes qu'il y veut mettre ; car ny les terres ny les plantes n'ont pas
toutes vn mefme appetit, ny mefme force digerante. Par l'abondance
de fubftance les plantes viennent trop gaillardes, manquent de force
pour fe fouftenir , leurs fruits ne font de fi bonne garde , fe faifant vne
nouuelle generation en eux, de petits animaux qui les mangent: donc
il y a danger de trop , comme du peu , ainfi que l'eau de la mer nous
fait connoiftre.

CHAPITRE IX.

De la Lune.

DIEV feparant la lumiere d'auec les tenebres donna
pour l'ornement du iour la merueille du Soleil, &
à la nuit le nombre infiny des eftoilles , & les autres Planettes, lefquelles il doüa chacune de leur
influence, afin qu'elles feruiffent non feulement à
embellir le Ciel , mais auffi qu'elles fuffent aydes
à la nature , ainfi comme toutes autres chofes
creées par fa diuine prouidence, font pleines d'ef-
ficace & de vertu. il conftitua la Lune plus prochaine de la terre, qui
ayant par ce moyen fon tour plus court, parfait en vn an prés de trei-
ze fois vn mefme voyage, employant en chacun enuiron vingt-neuf
iours & demy ; pendant lefquels nous la voyons diuerfement illuminée , felon qu'elle s'approche ou efloigne de l'afpect du Soleil , duquel
elle reçoit fa lumiere , fe trouuant par fois la terre oppofée entre eux
par leurs diuers cours.

Or nous difons la Lune eftre nouuelle, quand fa partie illuminée
du Soleil commence à nous paroiftre, & de iour en iour augmentant ;
au feptiefme que la moitié de la partie illuminée nous apparoift , nous
difons eftre en fon premier quartier : fept iours apres nous l'appellons
pleine Lune, quand nous voyons entierement fa partie illuminée : pa-
racheuant fon chemin elle vient à defaillir de cette plenitude, n'eftant
fa partie illuminée veuë qu'à demy , fept iours apres, qui eft fon dernier quartier ; & en fept autres iours elle en defaut du tout , & lors
nous l'appellons vieille Lune : puis elle recommence encore fe faifant
nouuelle. Elle a vne puiffance merueilleufe fur les corps inferieurs ,

car elle influë en eux force & vertu d'attirer nourriture à proportion
de la communication, & monstre qu'elle leur fait de sa lumiere, suiuant laquelle proportion le sel produisant, qui en est comme esmeu,
agit aussi : d'où il aduient que la mer qui est remplie d'icceluy, en fait
son mouuement & agitation continuë de flux & reflux, que nous con-
noissons lent, ou plus grand, selon le diuers estat de la Lune. Mesme
aux equinoxes & saisons temperées, quand le sel produisant agit auec
plus de vigueur és arbres & plantes en terre (ainsi que nous apperceuons par les seues qui se font plus abondantes au Printemps, & en
l'Automne) ce flux & reflux de la mer est aussi plus grand qu'és autres saisons, ausquelles le sel vegetant est empesché & retenu par l'excés du chaud & du froid, ainsi qu'en terre.

Il nous faut donc auoir égard au cours de la Lune, & la suiure en
cette manufacture comme bonne guide, si nous voulons nous preualoir de ses effects : car les arbres & plantes, & leurs fruits estans plus
pleins, ou plus vuides de substance & nourriture, selon la plenitude
ou defaut de lumiere, ne seront si propres en vn estat comme en vn
autre, d'obeyr à nostre artifice, ou suiure nostre intention, ou estre
conseruez ainsi que nous dirons. Voire le bois qui doit seruir à charpenterie estant couppé, lors qu'il est plein d'humeur generante, de cette abondance il s'engendre des vermisseaux qui le rongent & gastent,
quand mesme il est sec & en œuure. Comme au contraire si le bois est
despourueu de cette humeur generante, qui est le baume de nature,
il est de peu de durée, & perd auec elle sa force, ne luy restant que le
terrestre, qui pourrist bien tost apres, ainsi qu'il aduient au bois flotté,
ayant long temps demeuré dans l'eau, elle dissoud ce baume qui est la
conseruation des corps, apres la perte duquel les cendres mesmes du
bois à brusler en sont inutiles pour les lexiues.

CHAPITRE X.

Des Fiens.

APRES auoir parlé des principes, & elements, & de leurs effets, non pas en Philofophe, mais comme fimple Agricole, nous auons feulement cherché en eux ce qui fait à noftre labeur. Puis ayant dit quelque chofe de la Mer, & du pouuoir de la Lune, fur les corps terreftres, deuant que paffer outre, nous dirons auffi ce qui nous femble des fiens, lefquels eftans remplis de ces principes & elements, font fi propres & vtiles à la terre, qu'ils femblent eftre puiffans à reftaurer tous les defauts qui fe trouueroient en elle : car ils l'efchauffent, rafraichiffent, engraiffent, fouleuent, rafermiffent, & donnent autres bonnes qualitez, encore qu'elles femblent contraires, diftribuant leur vertu, felon le befoin des terres, quand auec prudence ils font employez. Faifons en donc vn grand amas, car en eux abonde noftre fecours, leur pourriture eft l'ornement des iardins, l'augmentation de la vigueur des plantes, leur puanteur paffée ayde à produire les bonnes odeurs des fleurs, leur meflange fait le temperament, & auec eux, & par eux, nous faifons des merueilles.

Tout ce que la terre produit, de nature vegetale, ou animale, s'il n'eft confommé par le feu, deuient encor terre par la pourriture, & eftãt bruflé, les cendres auffi fe font terre, & feruent de fiens, contenant en elles le fel & autres principes, que nous cherchons dans les fiens : car, comme nous auons dit, ces principes ne font point confommez en la perte des corps terreftres : Tous les fruicts, les plantes, herbes, & feüilles, foit qu'elles foient mangées par les animaux, ou qu'elles leur feruent de littieres, ou amaffées autre part, & mifes pourrir, font les fiens : mais grandement aydent à la bonté d'iceux les excremens des animaux, à caufe de l'augmentation du fel, qu'ils y apportent, & des qualitez qu'ils y donnent. Ainfi les cendres, & les fiens eftans le demeurant des corps terreftres confommez, dans lefquels reftent les principes de generation qui auoit efté faite efdits corps, les qualitez d'iceux ayant efté longuement infufes en ces principes, & eux en elles, ces fiens en retiennent encor de grandes impreffions, tant de la qualité des corps, que de celles des efprits, lefquelles puis apres ils viennent à contribuer de rechef à la production d'autres plantes, quand nous les employons en terre, faifant les nouuelles participantes des qualitez des precedentes. Cela fera apperceu facilement, fi les fecondes plantes conuiennent à la nature des premieres, car trouuant vne nourriture propre à elles, elles en feront grandement leur profit, & s'en accommoderont plus volontiers : ou bien fi elles font contraires, il fe fera vn meflange de la

nature des vnes & des autres, d'où il prouiendra des changements, qui
selon qu'ils rencontreront, seront propres à rabiller ce que nous desirons
aux fruicts, & plantes, ou bien à les empirer, si nous ne considerons les
facultez de ces alimens, & la nature de ce que nous voulons qu'ils nourrissent. Il sera donc necessaire de faire distinction des fiens, mettant chacune sorte à part pour en vser à propos, & selon le besoin.

Le fien qui prouient des excrements de l'homme, est plus temperé &
plein de sel generant qu'aucun autre, & tres-propre quand il est bien con-
sommé pour les Orangers, Citronniers, & autres plantes que l'on met
dans des vases, ou caisses.

Le fien de Cheuaux & Asnes est abondant en chaleur temperée.

Celuy de Beufs & Vaches est frais.

Celuy de Brebis & Cheures, est plus gras & bien temperé.

Celuy de Pourceaux est chaud.

Celuy de Pigeons, & volailles, plus chaud encores : mais celuy des
oyseaux aquatiques, est bruslant.

Les boüillons & laueures d'escuelles, le lexif, le sang des animaux, &
les animaux mesmes seruent de fiens, bien temperez, & gras. Celuy de
marc de vin, & la lie, ont infinie vertu, retenant des qualitez excellentes,
& esprits subtils, dont nature a remply la vigne, sur toute autre plante. Celuy du marc des huiles augmente grandement la vertu produisante à la
terre, mais il y a danger du trop, faisant le mesme effect dans terre, que les
choses trop grasses font dans nostre estomach. Celuy des autres fruicts
selon ses qualitez, en participe, & donne aux mesmes arbres, ou plantes
qui les portent, grande vertu fructifiante, & les mesmes esprits qui leur
sont necessaires. Celuy qui se fait des sirops, & rafineries de sucre & miel,
est la douceur mesme, tres-propres aux plantes ausquelles on desire la
douceur sauoureuse, où ils abondent. Celuy qui est meslé de saumeure
donnera son goust. Celuy qui sera fait de plantes particulieres, abondantes en qualitez puissantes, de saueurs, couleurs, ou odeurs, & leurs
cendres aussi en participeront. La corne des animaux a grande efficace
en terre, l'employant rapée & par coppeaux que font les Cornetiers,
comme ont aussi les ergots & ongles de brebis & moutons. Le tan qui a
seruy à apprester les cuirs y est propre, mesme celuy qui se fait dans les
corps des saules, quand la pluye y entrant les pourrist. Et employerons
encor la suye des cheminées qui fait multiplier les fleurs, les boües amassées par les ruës & chemins bien seichées & éuaporées, employées en terre, augmente d'autant sa bonté que les boües ont esté meslées & longuement paistries auec le soleil, l'air, & les pluyes. L'Esté aussi sont bonnes à
s'en seruir les poussieres des ruës & chemins, lesquelles n'ayant tant de
graisse que les fiens, sont plus profitables aux vignes, ne rendant le vin
gras & huileux, ainsi que font les fiens en certaines terres grasses de leur
nature.

Mesme ayant besoin pour les Orangers, & autres plantes exquises, qui

C iij

fe mettent dans des caiffes & pots, d'vn fien qui aye abondance de ce fel
produifant, ils'en fera vn excellent, fi creufant en terre vne foffe de fix
pieds de large, quatre de profond , & de longueur proportionnée à la
quantité de fumier dont on aura befoin, vous la rempliffez d'vne couche
de fumier menu bien pourry d'enuiron deux pouces d'efpaiffeur, fur
laquelle en mettrez vne autre de pareille hauteur de bonne terre, vne
autre de marc de vendange, vne autre de crotin ou fumier de Mouton , vne autre de fumier de Pigeon , vne autre de Vache, y meflant les tiges & feüilles de Citroüilles, Concombres, & Melons, mefmes leurs fruicts gaftez & pourris, continuant à mettre alternatiuement
vne couche fur l'autre, iufques à ce que la foffe foit remplie, puis y
ayant ietté quantité d'eau deffus, l'acheuerez de couurir de terre, & la
laifferez deux ans fe confommer & pourrir, ayant foin d'ofter les herbes
qui croiftront en abondance deffus; il fera bien de faire la foffe en lieu
frais, ou proche du puits, afin de la pouuoir arroufer pour la faire tant
pluftoft pourrir, & empefcher que le fumier ne fe brufle faute d'humidité; au bout de deux années trouuerez vn fien gras & bien pourry, qui
feruira d'vn excellent remede aux arbres malades, & d'vne grande ayde
aux plus vigoureux; & fera bien d'en faire toutes les Automnes, afin d'en
auoir toufiours de bien confommé & pourry. Et fur tous n'en doiuent
eftre dépourueus ceux qui ayment, ou qui ont charge des Orangers, Citronniers, & autres plantes rares, qui fe mettent dans des caiffes, & qui
par confequent ont befoin d'vne grande nourriture, qui fe trouue tres-
conuenable dans le fumier fufdit.   Donc que rien ne fe perde, & que
tout ce qui pourra eftre employé en fiens foit auffi foigneufement recueilly que merite l'vtilité qu'ils apportent, & fpecialement les fruicts
pourris, & qui tombent deuant qu'eftre meurs ; car ils feruiront aux
mefmes arbres ou femblables, de bonne nourriture propre à leur nature.

Chacune forte de fiens eftant feparée doit eftre mife à monceaux par vn
foigneux affaiffement, qui aydera & auancera la pourriture: le plan de la
terre où ils feront amoncelez doit eftre vn peu concaue, & ferme, afin que
leur ius coulât ne fe perde : Et pource il n'eft pas bon que les fiens foiēt mis
en lieu penchãt, ny deffous les goutieres des maifons, de peur que l'abondance d'eau ne les laue, & emporte leur bonté, celles des pluyes fuffit pour
ayder leur pourriture. Les fiens plus pourris font les meilleurs pour
augmenter la vertu produifante de la terre, & s'il eftoit poffible d'attendre leur perfection, ne feroit befoin de les employer que la troifiefme
année, & lors ils n'auroient que de bons effects, tous les inconueniens qui
font és nouueaux fiens eftant paffez, comme la puanteur de leur pourriture, qui donne mauuaife odeur, & mauuais gouft; leur chaleur exceffi-
ue, qui rend la terre intemperée, tuë les plantes, & engendre des animaux qui les mangent: le fel produifant que nous cherchons en eux, n'eft
mefme temperé qu'auec le temps & les exhalaifons qui fe font: bref deu-
uant que les fiens foient propres à la production, il faut qu'ils foient re-

duits & faits terre. Cependant les nouueaux fiens ne feront inutils, les
vns feruans de bons medicaments aux arbres, les autres conferuant les
plantes de la rigueur du froid, d'autres faifant germer les graines, d'autres
chaffant les mauuaifes broüées, & donnant autres aydes & fecours tres-
vtils. Nous auons defia dit, que les fiens à demy pourris feruent à feparer
& efchauffer les terres argilleufes trop preffées, & trop froides, & quand
ils font acheuez de pourrir leur contribuent leur fel. La meilleure faifon pour employer les fiens, eft l'Automne; car il eft diffoud en terre, par
les pluyes qui furuiennent: & durant l'Hyuer il eft apprefté pour la production qui fe fait au Printemps, eftant bien meflé par les labourages.
On les peut auffi employer au Printemps appreftant la terre pour les
femences & plantes; mais l'Efté il eft feché trop foudain par la chaleur
vehemente qui empefche fa vertu, & fa propre chaleur fe rend intemperée par celle de la faifon.

CHAPITRE XI.

Des quatre Saifons de l'année.

LE Soleil faifant fon cours annuel, fe hauffe ou baiffe
iournellement fur noftre orifon, & formant par iceluy l'année, il la rend de diuerfes temperatures, felon
que fes rayons approchent ou s'efloignent de la ligne perpendiculaire tombante fur noftre orifon, &
a caufe de cette diuerfe temperature, & de fes effects
diuers, l'année a efté diftinguée en quatre parties,
donnant trois mois à chacune d'icelles, qui font le
Printemps, l'Efté, l'Automne, & l'Hyuer, que nous appellons faifons,
deux defquelles font temperées, & les deux autres entremeflées parmy
celles-cy, font intemperées, l'vne de chaud, & l'autre de froid exceffifs.

La premiere faifon eft le Printemps de qualité chaude & humide, qui
la rend temperée, non efgalement, ains montant du froid au chaud par
vn doux degré conuenant tellement à la nouuelle production, que par
fon moyen la terre fait que nous n'auons qu'à admirer la fouueraine
Prouidence en fes œuures, aufquelles n'y a à fouhaitter, ne defirer, finon
que les temps & les faifons fe comportent felon la difpofition qui leur a
efté ordonnée par la Prouidence diuine dés le commencement du monde.
Mais Dieu regnant fur cette excellente difpofition de nature, il s'en
fert comme bon luy femble, il y change & altere quelques fois pour cha-
ftier les hommes de leur ingratitude; il donne la grefle au lieu de pluye;
il retient de la gelée pour s'en feruir hors temps au lieu de rofée, il enuoye
des bruines qui gaftent les fleurs & les fruicts; les vents fouflent comme
il ordonne, diminuant & reftreignant fes liberalitez, en deftournant ou
retardant les moyens dont il fe fert à nous bien faire, afin de nous fai-

re penſer à luy & reconnoiſtre ſes graces & ſa iuſtice.

Le Soleil donc ſe hauſſant au Printemps ſur noſtre oriſon, eſchauffe iournellement de plus en plus la terre, & la viuifie, attirant & incitant la faculté vegetante & produiſante qui eſt en elle: Et de plus, le Soleil ſe leuant en cette ſaiſon, auec autres Aſtres de conſtellations & vertus attractiues, il éleue de la terre & des eaux des exhalaiſons, qui ſont portées en la moyenne region de l'air, & là par le froid eſpaiſſies, & puis conuerties en pluye, de laquelle la ſurface de la terre eſtant ſouuent arroſée, ſa fecondité en reçoit vne ayde tres-puiſſante à la generation. De ſorte que plus cette premiere ſaiſon eſt ſouuent entremeſlée d'humidité par les pluyes, & de chaleur par les rayons du ſoleil, elle produit dauantage de plantes, les fait plus belles & amples ; leurs fleurs & fruicts tendres & delicats, ſont formez, nourris, & accreus en vn air doux, qui eſt temperé par les meſmes moyens qu'eſt la terre. Dauantage en cette premiere ſaiſon ſoufle ordinairement vn vent d'Occident doux & temperé ſelon qu'eſt la region d'où il part, Fauonius ou Zephyre amy des fleurs, qui les éuente, & le laiſſe aſpirer doucement, afin que ny le ſoleil trop fort, ne puiſſe deſſeicher, ny la pluye trop continuelle ſur eux, pourrir cette delicate production, où abondent tant d'excellences & delices.

Or la nature trauaillant diligemment pour nous en cette premiere ſaiſon, il n'eſt pas raiſonnable que demeurions les bras croiſez, il la faut ſuiure, il la faut ayder, pour la rendre propice à noſtre deſir, & qu'elle nous donne les commoditez & plaiſirs que nous deſirons d'elle. Puis qu'elle fait germer les graines au Printemps, il faut luy en donner de bonne heure de celles dont nous deſirons les fruits, ou elle en fera naiſtre des ſiennes ſans noſtre ayde ; car elle en a de toutes ſortes en ſon ſein les noſtres meſmes ſont priſes chez elle, & elle les augmentera encor de bonté & beauté, ſi nous faiſons les choſes à temps & à propos. Si deſia nous n'auons planté ou tranſplanté les arbres forts, il ſe faut haſter, ou attendre l'Automne ; car depuis que la ſéue monte, & le beau verd du nouueau iet commence à paroiſtre, il n'eſt plus temps de changer de place aux arbres, ſur peine de mort. C'eſt icy la meilleure ſaiſon d'enter les arbres en la meilleure maniere ; à ſçauoir dés les premiers iours du Printemps, deuant que la ſubſtance appreſtée monte & ſe leue, & qu'elle ſoit employée en fleurs, en feüilles, & en branches. Si auſſi nous auons à tailler, couper, ou eſbrancher, lier, plier, & iacqueter, ç'en eſt la vraye ſaiſon deuant que les boutons ſoient enflez & groſſis, de crainte de les meurtrir ou rompre. Bref c'eſt le vray & propre temps de iardiner, ayant les terres de long-temps eſté appreſtées, attendant cette temperature neceſſaire, & cette ſaiſon commence à la my-Mars, le Soleil entrant au ſigne du Mouton, qui eſt l'Equinoxe.

DE

DE L'ESTE'.

APRES suit l'Esté, chaud & sec, qui est la seconde saison, commençant à la my-Iuin, lors que le Soleil entre au signe de Cancer, desia haut esleué sur nostre orison : sa chaleur cuit & meurit les plantes & fruicts plus tendres & auancées, & faisant croistre les plus tardifs ; appelle les Faucheurs aux prez, où desia l'herbe creuë & montée en graine commence à iaunir : Il nous donne les Cerises, & Abricots, apres les Fraises du Printemps, qui desia ont seruy de rafraichissemens & mets tres-delicieux aux meilleures tables : Il a ses Poires particulieres de plusieurs sortes tres-excellentes : diuerses sortes de Prunes nous viennent en cette saison, & les grandes moissons des bleds : il paye & recompense la peine des Laboureurs, leurs granges estant remplies de ses tresors iaunissans. Le Iardinier à plus de peine à cueillir & amasser qu'à labourer, il arrose ses semences & plantes, il tond & enioliue ses pallissades & bordures, il ente en escusson, si la séue dure, ou il se repose durant la grande chaleur du iour qui luy oste sa force, voire la force de la terre. Neantmoins si vne grande pluye suruenoit, dont la terre fust imbuë, rafraichie & humectée, tel temperament feroit vn nouueau Printemps, & l'arbre qui auroit allongé son iet, tant qu'il auroit eu de séue & d'humeur coulante, que la grande chaleur auroit arrestée, trouuant lors en terre nouuelle temperature, prendroit nouuelle prouision, & de nouueau commenceroit de pousser, & à allonger ses branches nouuelles, autant que la chaleur de l'Esté moderée le luy permettroit ; plusieurs arbres & plantes qui donnent leurs fruicts en Automne, se trouueront grandement soulagées de ce rafraichissement, plus vtile & propre aux plantes & à la terre, que tous les arrosemens du Iardinier.

DE L'AVTOMNE.

L'AVTOMNE de qualité froide & humide, est temperée entre le grand chaud de l'Esté, & le froid de l'Hyuer, par l'abbaissement du Soleil, qui retournant le chemin qu'il estoit monté, est prest d'entrer en la Balance peu apres la my-Septembre : son esloignement ennuye la terre, & de regret elle laisse ses beaux habits ; elle se despoüille, ses feüilles tombent, & deuient langoureuse. Neantmoins le Soleil se leuant auec autres astres de vertus attractiues comme au Printemps ; il donne à la terre des pluyes en abondance qui amollissent sa dûreté, rafraischissent l'excessiue chaleur qu'il luy auoit apportée. La regardant de prés ; & de cette temperature elle reprend vigueur, raprouisionne toute sa production : & sans le froid qui suruient, & rend l'air plustost intemperé qu'elle, non seulement elle feroit de nouuelles fleurs ; mais elle allongeroit aussi les branches, qu'elle grossit & fortifie pour resister à la rigueur de l'Hyuer prochain. Elle est riche en fruicts, & si l'Esté a eu les moissons elle à les vendanges ; les Pommes, Poires, & Coins, sont à elle, &

D

infinis autres fruicts qu'elle acheue de cuire & meurir à loifir ; auffi font-
ils de plus longue durée, & font gardez pour la prouifion de l'Hyuer,
qui eft pauure & fouffreteux. Les bons Iardiniers ne laiffent paffer la
commodité de fa temperature, fans s'en preualoir, & dés fon commencement, apres la premiere forte pluye qui furuient, ils plantent leurs
arbres, qui prennent terre & nourriture, auant que le grand froid ait
arrefté la nature : C'eft la bonne faifon de planter, non feulement les
arbres forts, & les grands plants, mais auffi tous autres menus plants : il
faut femer auffi bien aux iardins qu'aux campagnes : c'eft la faifon des
bons labourages, de l'amendement des terres par les fiens, & toute autre
bonne culture doit eftre faite durant cette temperature, preuenant les
dangers & inconueniens que l'Hyuer apporte.

DE L'HYVER.

L'HYVER chenu, de qualité froide & feiche, femble eftre contraire à la generation ; car durant iceluy la terre par l'efloignement
du Soleil eft retirée en elle fans vegetation, ne fe trouuant aydée de
chaleur, dont naturellement elle manque, eftant de qualité froide &
feiche, ainfi que l'Hyuer : & fans chaleur en nature il n'y a point de vie,
ny de vie fans chaleur : de là vient qu'elle eft infertile, fi le Soleil ne la regarde, & ne l'efchauffe : car feulement par vn peu de fon abbaiffement,
que diminuë la force de fes rayons, elle eft arreftée fans mouuement :
neantmoins le temps qu'elle demeure fans trauailler ne luy eft du tout
inutile, fon repos la renforce, & le rude froid de l'Hyuer ne luy eft fi contraire, qu'il ne luy ferue en quelque chofe. Apres auoir efté glacée & endurcie, le dégel furuenant luy vaut mieux qu'vn labourage, fes groffes
mottes fe mettent en pouffiere, parmy laquelle l'air s'incorpore facilement, duquel elle n'a pas moins de befoin à la generation que des autres
elements, ores qu'il foit fon contraire. Si la rigueur du froid tuë aucunes plantes inutiles, ou les mauuais animaux qui gaftent les bonnes, cela
fert à fon embelliffement pour la faifon prochaine. Les neiges de l'Hyuer
luy feruent de couuerture contre le trop grand froid, & conferuent les
femences, empefchant que les oyfeaux & autres animaux ne les mangent. L'Hyuer donnant vn peu de repos aux Laboureurs & Iardiniers,
du grand trauail qu'ils rendent à la terre, leur donne temps de s'apprefter,
pour puis apres l'orner & embellir dauantage, ayant de bonne heure
tranfporté fous des couuerts & lieux temperez, les plus delicates plantes, ou en ayant couuert d'autres fur le lieu, & laiffé les plus fortes à la
mercy du froid, qui felon les climats eft plus rude, ou plus moderé, plus
auancé, ou tardif, ou de plus longue, ou plus courte durée.

CHAPITRE XII.

De la situation du Iardin.

A situation du Iardin est grandement considerable en trois choses, principalement en l'aspect selon les differences de climats, en la fertilité naturelle de la terre, & en la commodité de recouurer facilement de l'eau pour les arrosements ordinaires. Premierement pour l'aspect, si nous nous trouuons en vn climat fort chaud, l'aspect du Septentrion moderera la trop violente chaleur en partie; comme au contraire és climats trop froids nous deuons chercher l'aspect du Midy, & nous garder du Septentrion, tenant pour maxime qu'en quelque lieu que soyons situez, nostre Iardin aura tousiours besoin d'vn bon & puissant soleil, necessaire à la production : mais s'il est trop violent il destruit, y ayant des contrées où l'excessiue chaleur ne laisse pas seulement croistre de l'herbe ; il faut euiter cette violence autant que pourrons, en nous mettant à couuert, s'il est possible, du plus grand chaud, qui est le Midy, & rafraichissant la terre d'arrosements abondans, pour la rendre en vne certaine temperature, moins froide que chaude neantmoins, par l'abondance des plantes & leur ombrage, la terre est aussi moins desseichée des rayons du soleil, & conserue dauantage son humidité. Si nous sommes en climat de bonne temperature, comme est en France la hauteur de quarante cinq degrez, il nous sera bien plus facile d'éuiter les inconueniens qui arriuent par l'excez du chaud & du froid, qu'en ceux qui sont plus intemperez, cettuy estant suffisamment chaud pour la production de la plus part des fruicts & des plantes qu'auons en vsage; ou si nous auons des plantes, ou fruicts qui demandent encor vn plus chaud climat, nous pourrons faire comme i'ay dit, parlant de l'augmentation de la force du soleil, prenant vn costau qui regarde le Midy, & qui nous defende du Septentrion, il ioüira encor du Leuant & du Couchant, s'il n'y a empeschement d'ailleurs, & sera veu le long du iour d'vn tres-grand soleil, qui sont de grandes aydes à sa force : & au defaut d'vn costau nous éleuerons des murailles en ces mesmes aspects, contre lesquelles nous planterons nos espalliers de fruictiers, nous seruant de leur ayde & secours, selon le besoin que nos fruicts ou plantes en pourront auoir.

Les climats chauds comme peut estre la Prouence, n'abondent pas en toutes sortes de fruicts & de plantes, ils ont leurs fruicts particuliers, comme les Citrons, & Oranges, les Grenades, Oliues, & Figues, les Raisins, & les Melons qui ayment les climats chauds. par cette grande chaleur sont cuits & mieux assaisonnez telles sortes de fruicts, leur sa-

D ij

ueur , odeur & couleur en eſt plus parfaite qu'és climats plus temperez , & neantmoins ſi en ce climat de quarante cinq degrez & prochains,
nous apportons toutes les precautions & les remedes neceſſaires ,
nous aurons tous ces fruicts là ſuffiſamment bons, & les autres fruicts &
plantes, qui ne demandent qu'vne chaleur moderée, nous les y aurons
excellens & abondans, pourueu que la nature de la terre ſoit capable de
les nourrir. Il y a des terres qui ne ſont pourueuës naturellement de
nourriture conuenante à certaines plantes & fruicts, ainſi que nous
voyons en diuerſes contrées differentes ſortes de plantes. Or tout ainſi
que la nature demande la temperature en la production qu'elle fait, cherchons là auſſi és climats & aſpects, où nous nous trouuons ſituez, où
choiſiſſant vne ſituation, prenons la plus temperée qui s'offrira, amendant par l'aſpect, s'il eſt poſſible, le defaut qui ſe trouueroit au climat.

　　L'aſpect de l'Orient, & celuy de l'Occident, ſont naturellement temperez , pour les raiſons qu'auons dites parlant de leur ſituation ; c'eſt
pourquoy toutes ſortes de fruicts viennent tres-bien contre les murailles
qui ont ces aſpects, ſpecialement l'Orient eſt à priſer en la pluſpart des
climats, pourueu que les premiers rayons du Soleil effleurans la ſurface
de la terre ne trauerſent des lieux mareſcageux , & nous apportent ces
mauuaiſes exhalaiſons qui s'éleuent le matin de ces lieux fangeux & in-
fects ; ſi à midy le Soleil paſſoit par deſſus le marais, l'infection ſeroit eua-
porée & deſſeichée par les premiers rayons , & ne nous apporteroit ſi
grand preiudice, tant à noſtre ſanté, qu'aux arbres & plantes de nos Iardins, qui ſouuent s'en trouuent grandement incommodez.

　　Quant à la terre, il la faut choiſir bien fructueuſe, par les qualitez
qu'auons remarquées les meilleures, n'ayant pas ſeulement égard au premier lit de la ſurface, mais auſſi au ſecond & troiſieſme, eſquels les arbres s'attachant profondement auec leurs racines, contre l'ébranlement
des vents y doiuent trouuer nourriture, qui n'apportent ny aux arbres
ny aux fruicts ſubſtance faſcheuſe & contraire, qui pourroit changer
le gouſt, & autres bonnes qualitez du fruict, ainſi qu'il s'en trouue :
celle qu'auons nommée varaine douce plus propre aux Iardins, eſt ordinairement pourueuë de bonne nourriture de facile culture, propre à
receuoir amendement par les fiens & arroſements , & n'apporte aux
plantes aucunes mauuaiſes qualitez, auſſi ſe plaiſent en elle la pluſpart d'iceux.

　　Pour le regard de l'eau, nous deſirerions ſans raiſon vn fort Soleil
pour noſtre Iardin, ſi nous n'auions l'eau pour temperer ſa chaleur, &
pour arroſer la terre quand elle, ou les ſemences que nous luy donnons,
en ont beſoin : nous recouurerons cét eau, s'il eſt poſſible, d'vne ſituation plus haute que celle du Iardin, afin de la conduire plus facilement
dedans, ſoit en ruiſſeau coulant ſur terre, ou en tuyaux couuerts, il n'importe de quelle matiere ſoient les tuyaux, pourueu qu'ils nous amenent
quantité d'eau , qu'il faut quelquefois en grande abondance pour vn

arrofement general à tout le Iardin, iufques à le couurir d'eau pour peu de temps, il aduient quelque fois que la terre eft fi alterée que par autre arrofement on ne pourroit l'humecter à fuffifance, & le peu d'arrofement apporte fouuent preiudice, le prudent Iardinier en fçaura vfer difcretement, ainfi que nous dirons parlant des arrofements.

Il faut auffi qu'amenant l'eau abondante en noftre Iardin, elle aye fa defcharge facile & continuelle par vne pente qui l'efcoulera dehors, & empefchera l'incommodité qu'elle nous donneroit feiournant chez nous. Doncques trouuant vne douce colline en bon afpect felon le climat, en laquelle fort vne bonne fource continuelle, ou vn ruiffeau coulant, nous prendrons la fituation de noftre Iardin, au deffous de ladite fource, ou ruiffeau, afin d'y pouuoir conduire l'eau, & le bas de la colline au deffous du Iardin, feruira pour la defcharge & vuidange ordinaire de l'eau qui nous apporteroit incommodité, fi n'auions lieu de l'enuoyer apres l'auoir appellée; car l'excellence de l'arrofement eft d'auoir l'eau commode & abondante pour en vfer felon le befoin, & non autrement. Cette demie hauteur de colline nous donnera encor commodité de receuoir vn bon air, falubre, & de bon temperament, eftant celuy du fonds des vallées ordinairement eftouffé par la reuerberation des rayons du Soleil, caufée des montagnes, & autres hauteurs qui fe rencontrent és enuirons, qui empefchent le vent de purifier l'air, & le rafraichir, dont les arbres & les plantes n'ont moins de befoin pour les tenir en bon eftat, que les hommes mefmes pour leur fanté; mais la cime & hauteur entiere de la colline, ou montagnette, fe trouue au contraire fouuent trop éuentée, & trop rafraichie : la force des vents y eft trop violente, fecoüant les arbres auant que les fruicts foient meurs, rompant leurs branches chargées de fruicts, & donnent trop de peine aux racines de s'attacher profondement de crainte d'ébranlement, quelque fois en mauuais terroir. Il fera encore befoin qu'en cette demie hauteur de colline fe trouue affez de plain, foit naturel, ou fait par art, afin que les allées & promenoirs y foient de niueau, beaux, & faciles, & qu'arriuant des rauines & trop fortes pluyes, elles n'emmenent les terres en bas, fi la fituation eftoit trop penchante. Doncques s'il dépend de nous de choifir à noftre gré la fituation du Iardin, nous aurons premierement égard au climat, & felon iceluy choifirons l'afpect conuenant, prendrons principalement le terroir naturellement fructueux, ayant la commodité de l'eau, & l'éleuation en air temperé, qui font chofes qui ne fe rencontrent pas toufiours comme il feroit à defirer : mais chacun en approchera le plus prés qu'il pourra, s'il veut ioüir des bienfaits de la nature auec moins de peine.

D iij

CHAPITRE XIII.

Des qualitez requises au Iardinier.

YANT entrepris de parler des arbres & plantes, &
des choses conuenantes aux Iardins; il est aussi raisonnable de dire quelque chose du Iardinier, sans
l'adresse & suffisance duquel nous ne pourrions venir à bout de nostre besogne. Si nous deuons faire
distinction des plantes & fruicts, voire de la nature
des terres & fiens, employerons nous à cette manufacture tant importante, de grand art & grande
pratique., le premier qui se presentera, sans le
connoistre & bien choisir? Quand auec grand soin nous le chercherons,
à peine trouuerons nous homme d'entiere connoissance & intelligence
requises en toutes les parties du iardinage: aussi ie croy que nous aurons
plustost fait d'en dresser vn, que de le trouuer accomply, se rencontrant
en cét art non moins de particularitez à sçauoir, qu'és autres arts que
nous voyons departis & separez; l'Orfeurie a plusieurs sortes d'Orfe-
ures, les Forgeurs, les Menuisiers de mesme, ne pouuant à peine vn seul
homme apprendre en toute sa vie vn art entier: ainsi des Iardiniers,
l'vn entendra vne particularité, l'autre, l'autre; & neantmoins il seroit
besoin qu'vn bon Iardinier fust vniuersel en son art, tant pour faire les
choses de sa main, que pour les faire faire aux autres qu'il employera.

Or tout ainsi que nous choisissons pour nostre Iardin les arbres ieunes, la tige droite, de belle venuë, bien appuyée de racine de tous costez,
& de bonne race: prenons aussi vn ieune garçon de bonne nature, de
bon esprit, fils d'vn bon trauailleur, non delicat, ains ayant apparence
qu'il aura bonne force de corps auec l'aage, attendant laquelle force
nous luy ferons apprendre à lire & escrire, à pourtraire & desseigner;
car de la pourtraiture dépend la connoissance & iugement des choses
belles, & le fondement de toutes les mechaniques; non que i'entende
qu'il aille iusques à la peinture, ou sculpture, mais qu'il s'employe principalement aux particularitez qui regardent son art, comme les com-
partiments, feüillages, moresques, & arabesques, & autres, dont sont
ordinairement composez les parterres: commençant à profiter en pourtraiture, il faudra monter à la Geometrie, pour les plans, departements,
mesures, & allignements, voire s'il est gentil garçon iusques à l'Architecture pour auoir intelligence des membres qui sont besoin aux corps
releuez, & apprendra l'Arithmetique pour les supputations des dépen-
ses qui pourront passer par ses mains, afin qu'il ne se trompe, ou ne se
laisse tromper quand il sera besoin d'achapts & fournitures de plan, ou
autres matieres. Toutes lesquelles sciences, il faut apprendre en ieu-

neſſe, s'il eſt poſſible, afin qu'eſtant en aage ſuffiſant de trauailler au[]
iardins, il commence par la beſche à labourer auec les autres m[]
neuures, apprenant à bien dreſſer les terres, plier, redreſſer, & lier l[]
bois pour les ouurages de relief : tracer ſur terre ſes deſſeins, ou ceux
qui luy feront ordonnez, planter, & tondre les parterres, & auec la
faucille à long manche les palliſſades, & pluſieurs autres particularitez
qui regardent les embelliſſemens des iardins de plaiſir ; reſte le iardin
d'vtilité qui prouient des fruicts & des plantes qui ſont mangées, où il
faut non moins d'intelligence & de trauail qu'en l'autre, la connoiſſance de la nature des terres fort differente, y eſt encore plus neceſſaire,
celle des fiens diuers, de la difference des climats & des aſpects, celle des
vents & de la Lune, iuſques à pouuoir vſer de pronoſtique pour preuoir
les temps : faut auoir la connoiſſance des plantes, qui eſt vne grande
ſcience ; ſçauoir leur nature, & la culture qu'elles demandent, les ſaiſons
de ſemer leurs graines, de les auancer, les tranſplanter pour les faire
croiſtre, retarder, & conſeruer, blanchir & attendrir, & infinies autres
particularitez encor, qu'il faut que le Iardinier ſçache pour faire & pour
enſeigner ſes gens, car tant & tant de choſes ne ſe font pas par vn
homme ſeul.

Quand il ſera queſtion d'vn iardin meſlé de gentilleſſes pour le plaiſir, & pour l'vtilité enſemble, ſi nous ne trouuons vn Iardinier ſuffiſant pour les deux, il en faudra choiſir vn autre qui aura eſté nourry
& inſtruit és iardins potagers de ces marais és enuirons de Paris, car les
Maiſtres qui les tiennent entendent bien cette maniere de iardinage, à
laquelle eſt beſoin d'vn long apprentiſſage, auſſi bien qu'à l'autre, &
quelque ſuffiſance que puiſſent acquerir l'vn & l'autre de ces Iardiniers,
ſi eſt-ce qu'ils pourront encor apprendre tout le long de la vie, s'ils ſont
affectionnez au meſtier, & ne deuiennent faineans, l'art eſtant plein de
grandes & belles curioſitez & ſecrets pris de la nature, non moins dignes
de ſpeculation & arraiſonnement, que du trauail de la main.

Du ſoin & trauail que doit prendre ordinairement le Jardinier.

L E trauail & exercice de l'Agricole n'eſt pas petit, ny pour vn
iour : pour peu d'entrepriſe qu'il faſſe, il aura encor le temps court,
ſuruenant iournellement nouuelles beſognes ou occaſions de s'employer. La premiere & principale eſt, de ſouſleuer la terre, qui de ſa
propre peſanteur s'affaiſſe & durciſt, & par le labourage & remuëment
elle eſt renduë plus capable de receuoir l'ayde des autres elements, qui
prennent plus facile accez en elle, la tempere des facultez & puiſſances
contraires qui ſont en eux, & par cette temperature elle deuient plus
feconde & capable de conceuoir & nourrir cette belle & heureuſe production, qu'elle fait par les ſaiſons de l'année, ſelon la temperature d'i-
celles. C'eſt donc à l'Agricole de la preparer à temps qu'elle puiſſe tra-

uailler à son œuure, aussi tost que cette temperature arriue, sans laquelle la terre demeure impuissante, le froid & chaud excessifs l'arrestant, & empeschant d'agir selon son desir. Or pour paruenir à cette temperature, nous deuons auoir égard aux climats, & aux aspects des lieux où nous nous trouuons situez, & à ceux que nous pouuons choisir, pour amender en eux par artifice ce que nous pourrons de leur defaut.

Le choix des terres est encore grandement considerable, tant de celle de la surface que des autres lits prochains; car celle qui naturellement est fort fructueuse, épargne bien de la peine quand il faut rabiller les defauts; si elle est trop seiche, il luy faut vn champ plain, & de niueau, pour receuoir & retenir l'eau de la pluye, ou autre que l'on pourroit luy donner; & au contraire la terre trop humide demande vn champ penchant qui écoule les eaux, disposant les seillons & planches propres à tel effect.

Pour les amendements de la terre auec les cendres & fiens, il en faut faire bonne prouision, se trouuant peu de terres qui n'en ayent besoin; car en eux se trouue vn grand secours pour toutes sortes de terres, quand nous les employons à propos, se trouuant en iceux les principes de generation des corps dont ils sont prouenus, qui n'ont peu estre consommez par le feu, & par la pourriture, & qui contribuent aux nouuelles plantes, quand ils sont mis en terre auec les qualitez des precedentes, d'où il fait de grands amendements aux plantes, & à leurs fleurs & fruicts.

L'Agricole doit encore prendre garde de faire sa besogne en beaux iours clairs & nets, soufflants vn vent propre à netoyer l'air, soit labourant, semant, taillant, plantant, & entant, d'où vient qu'il ne doit perdre aucune occasion de s'employer à ce qu'il pretend pour obseruer tant de particularitez qui y conuiennent, & qui ne se rencontrent pas souuent ensemble.

Les saisons, l'estat de la Lune, les beaux iours, & autres considerations, où il faut auoir égard, comme à arracher les arbres pour les transplanter, & couper les greffes pour les enter, doit estre en vieille Lune; le transplanter & enter doiuent estre faits en la nouuelle, & tousiours en beau temps deuant que la séue monte, & le plus proche d'icelle qu'on peut; & ainsi des semences celles qui sont pour produire plantes grandes & hautes, doiuent estre semées à la fin & commencement de la Lune, & celles que l'on veut retenir basses & affaissées, comme Laictuës & Choux pommez, doiuent estre semées & transplantées en pleine Lune.

Pour les arrosements? Heureux qui a abondance d'eau plus haute que son iardin, où elle puisse couler quand il luy plaist, & non autrement, & qui a encore de la pente pour l'écouler hors, quand l'arrosement suffit; sinon il faut auoir recours aux puits, pouserangues, & autres inuentions d'éleuer l'eau, & s'aydant de l'arrosoir ordinaire, arroser quand besoin est.

Il y

Il y a des plantes qui ne font en leur perfection, ou leurs fruicts, que bien tard, & proche de l'Hyuer, & si la gelée les prend ils sont perdus ; à ceux-là faut vn couuert, auquel ils puissent estre transplantez en terre, où ils acheuent de venir à perfection ; mais il seroit necessaire que tout le reste des saisons, le Soleil & la pluye vissent le terroir pour le rendre fructueux. De cette nature de plante sont les Chou-fleurs, les Artichaux, & autres, mesmes des petits arbres & arbrisseaux qui vueillent le couuert pour passer l'hyuer seurement. Ils se portent mieux y estant plantez en terre auec la motte, que dans les pots & quaisses, & au Printemps les remettre en autre terre en grand air ; mais l'vn & l'autre de ces remuëmens, & changement de terre, doit estre fait promptement, sans que les racines s'éuentent, ou soient alterées par l'air. Nous demandons que la terre soit bien fructueuse, & la pluspart de nostre trauail tend à cela ; mais elle produit ordinairement plus que nous ne voudrions : car ne se contentant pas de ce que nous luy donnons à nourrir, elle produit d'autres plantes naturelles en diuers terroirs, qui gastent & ensalissent nostre besogne, mangent la nourriture de celles que nous desirons, & fait que le Iardinier employe non moins de temps à oster & extirper cette production sauuage, ou naturelle, qu'à toute son œuure ; le liseron & le chiendent luy donnent bien de la peine, ayant la vie forte, & la durée longue, ils entrent profond en terre, & la couurent en peu de temps, & beaucoup d'autres, où souuent le sarcler & ratisser ne sert de gueres, & faut venir à vn profond labourage, cherchant iusques aux dernieres racines. Ce n'est pas tout, il se faut garder du rauage des animaux fascheux, qui mangent & broutent nos bonnes plantes, elles ne sont pas nées qu'elles ont les loches & les limassons, qui les cherchent ; les taupes, & les mullots les mangent en terre, & les graines ; les anetons, & cantarides vont au plus haut des arbres deuorer tout ; mais les chenilles de plusieurs sortes destruisent, non seulement vn iardin, mais toute vne Contrée & Prouince entiere, si auec vn soin singulier, & à temps, on ne cherche des remedes contre ces pestes de iardins ; les poux, les barbots, les fourmis & autres, sont tresfascheux.

Ainsi l'Agricole n'a pas beaucoup de temps à se débaucher, car apres les plans & semences viennent la taille & rejaquetage, redressement des palliers, & pallissades, leur tondeure, & celle des moyennes bordures & parterres ; tout cela & plusieurs autres choses demandent les saisons & temps commode, la pluye doit prendre, ou suiure de prés la tondure, pource qu'on découure à l'air ce qui souloit estre caché de la plante, & le chaud l'enuahist & sanist. Nous ne pouuons pas dire toutes les choses necessaires d'estre faites par le Iardinier, il le void assez sur le lieu, s'il y prend garde de prés. Nous disons cecy seulement pour monstrer qu'il doit estre diligent, patient au trauail, consideré, & pre-

E

uoyant, ne laiſſant paſſer les occaſions de faire ce que le temps & les
ſaiſons requierent. Soit dont l'Agricole bien inſtruit dés ſa ieuneſſe,
comme nous auons dit, pour eſtre prudent & auiſé, diligent & ſoigneux, & que ſon Seigneur ne luy épargne pas les aydes neceſſaires au
beſoin, de crainte que le temps ne s'enfuye, & la ſaiſon ſe paſſe ; car les
choſes faites à temps ſont plus heureuſement conduites à noſtre intention & deſir.

DV IARDINAGE,
LIVRE DEVXIESME.
DV MOYEN D'ELEVER LES ARBRES,
AVGMENTER ET CHANGER LEVRS QVALITEZ.

AVANT-PROPOS.

AISSANTS au Laboureur la culture des campagnes, & le foin des bleds, nous ne luy donnerons icy
autre aduis, finon de confiderer bien curieufement
la nature de fes terres, afin de les accommoder à
cette temperature, neceffaire à la generation, faifant fon labourage en temps & en faifon conuenable, & n'y épargnant les fiens. Noftre foin principal foit donc employé aux Iardins, efquels nature
fe trouue fi pleine de biens, & parée de beautez excellentes, que quand
elle nous a fait monftre, & que mefme nous les regardons attentiuement,
encor ne les pouuons nous entierement connoiftre. Les fleurs ne fur-
paffent-elles pas noftre intelligence, en leur vertu, de fi grand efficace,
qu'elle fe fait plus admirer, qu'elle ne fe laiffe cognoiftre? La ſüefueté
de leurs odeurs, leurs formes fi differentes, leurs couleurs tant variées, &
leur teint fi delicat, font-ce pas toutes merueilles fuffifantes pour arrefter les plus beaux entendemens? Mais qu'eft-ce des fleurs, au pris des
fruicts, dont l'abondance eft fi grande, & la difference tant variée?
L'or & les pierres precieufes, viennent icy des Indes, mais les Indes mefme ne donnent rien de fi excellent que les fruicts qui y croiffent : les fu-
premes faueurs des épiceries tant recherchées, & les douceurs d'infinis
fruicts, dont elles font renommées, font bien à prifer dauantage que l'or
& les pierreries.

Mais laiffons là les fruicts des Indes, iufqu'à ce qu'en ayons de la race,
les noftres fuffiront à noftre curiofité, fi nous les cultiuons auec intelli-

gence : amendant ce qui fe trouuera defe&ueux, en eux & augmentant
leur bonté, fi elle vient à diminuer, voire mefme par le meflange des efpeces, nous pouuons faire produire des chofes fi vtiles & gracieufes, qu'elles ne nous donnerons pas moins de contentement, les voyant venir felon noftre intention, que de delices en les mangeant.

Or auant que venir aux fruiûts, il faut parler des arbres qui les portent ; & pource que nous traitterons premierement de leur nature
en general, nous y comprendrons aufli ceux qui n'en produifent point,
lefquels il eft bon de connoiftre, puis qu'ils feruent à l'embelliffement
des Iardins. En apres nous declarerons ce qui eft à obferuer en les fe-
mant, plantant, & tranfplantant ; dirons la raifon des entes, & diuerfes
façons d'enter, enfemble le moyen de conferuer, augmenter, & changer les qualitez aux efpeces, & garentir les arbres des dangers & inconueniens à quoy ils font fujets.

CHAPITRE PREMIER.

Des Arbres en general.

ES arbres, comme toutes autres chofes periffa-
bles, ont leurs termes & limites affignez, les vns
plus longs, les autres plus courts, felon qu'il a pleu à
la fouueraine bonté les doüer de force & de durée :
ils ont leur naiffance, accroiffement, & eftat parfait,
& puis leur declin, vieilleffe, & aneantiffement, qui
doiuent eftre confiderez par nous, quand nous voulons nous feruir d'eux, ou que nous voulons leur
contribuer du noftre : car en vn aage ils font capables d'vne chofe, & ne le
font pas en vn autre, leurs efpeces diuerfes font infinies, & chacune efpece diuerfifiée encores de plufieurs fortes (outre que la plufpart ont
mafle & femelle :) ie dy tant des arbres fauuages, que de ceux qui ont
efté affranchis par la culture, & amelioration qu'ils ont receu. Cecy
aduient par l'excellence de la nature, qui eftant abondante en toutes
fortes de varietez, prend plaifir en la diuerfité ; & ainfi fait-elle aux animaux. L'artifice ayde encor à cecy, quand changeant de terroir, ou de
climat, ou affociant vne efpece auec l'autre, nous voyons des changements en leur nature : voire l'aliment que nous donnons à la terre, la
pouuant changer, changera aufli ce qu'elle produira.

Cecy fera le fubtil de noftre agriculture, & le but de noftre intention,
fi auec bonne intelligence nous fçauons appliquer les chofes, aydant
la nature, & la guidant au chemin que nous voulons qu'elle tienne : efti-
mant qu'elle eft fi riche en foy, que nous y pouuons choifir & puifer toutes les varietez qui peuuent venir en noftre fantaifie : Mais quitant les
curiofitez fuperfluces, il fuffira de nous arrefter à ofter les vices & defauts,

quand ils fe trouueront aux fruiéts, & aux plantes, augmentant leur
beauté & bonté, tant en la forme qu'en la faueur, odeur & couleur.

Confiderons donc l'arbre depuis fa naiffance, fon efpece eft contenuë
en fa femence, qui eft fon noyau, pepin, ou graine bien petite au pris de
fa grandeur, voire cette efpece, qui contient en foy tant de particularitez excellentes, eft contenuë en beaucoup moins d'efpace encor que
fa femence : car fon germe vient à pouffer, & former vn arbre qui a racines, tige, & feüilles, lors mefme que la femence de laquelle il eft produit, eft prefque toute entiere. Or venant ce germe à produire, il pouffe
fa vertu en deux parts diuerfes, en employant la moitié aux racines, qui
prennent leur chemin en bas, & de l'autre moitié, il forme le corps ou
tige, les branches & feüilles, efquelles tige & branches, il infufe la vertu
de l'efpece, qui s'en va aboutiffant dans les boutons, lefquels font formez pour la produétion de l'année fuiuante; partie defquels boutons
font deftinez pour former les fleurs & fruiéts (qui font les bas & premiers)
& ceux des bouts par l'accroiffement de l'arbre. Aucuns arbres pouffent
les fleurs & fruiéts du nouueau iet de l'année, autres de la tige, branches
& boutons des années precedentes. De l'autre part, croiffent en mefme temps & mefure les racines, qui au lieu de ietter des feüilles, fuccent
L fubftance de la terre, & d'année en année s'augmentans, cette vertu
fucçante eft attribuée au jet nouueau, tout ainfi que c'eft le nouueau
jet qui eft à l'air, qui produit les feüilles. Ceux donc font bien trom-
pez, qui labourant la terre aux pieds des arbres, grands & vieux, laiffent
en friche celle d'autour; car les racines fucçantes s'éloignent à mefure que
l'arbre étend fes branches, felon qu'elles trouuent la terre facile à penetrer, & les vieilles & groffes racines ne feruent plus qu'à conduire l'humeur, & à tenir l'arbre ferme contre l'ébranlement de fon poids, & contre l'impetuofité des vents, embraffant de tous coftez, & en fond, le terroir; ainfi l'arbre ayant pris le commencement de fon eftre entre fes racines & fa tige, nous y affignerons le centre de fa vie, puis que de là il
diftribuë fa force en deux parts, & en deux effeéts diuers : chofe tres-
confiderable, quand il fera queftion de tranfplanter.

Or felon que l'arbre rencontre en terre, il fe fait paroiftre fur terre,
car fes racines penetrant facilement en bon & fruétueux terroir, trouuant nourriture bien temperée des facultez des elements, il deuiendra gaillard, l'écorce liffe & vnie, le bois poreux & enflé, les branches
longues, & les feüilles grandes & larges : comme au contraire fi la terre eft
dure, de peu de fubftance, à laquelle il ne puiffe s'attacher fermement, &
chercher facilement nourriture, fon bois fera ferré, l'écorce dure & rude, fes branches courtes, & fes feüilles menuës; & s'il rencontre tuf ou
argille de mauuaife fubftance dans le fond, il produira de la mouffe au
lieu de jet, & en fin l'écorce endurcie à faute de nourriture, preffant le
bois, & ne laiffant monter à l'aife la fubftance iufques aux extremitez,
les branches commencent à mourir, & puis le corps. Quelquefois les

racines rencontrent vne telle fubftance, que tout d'vn coup elle tuël'arbre. Auffi de l'autre part quelquefois l'air eft tellement infecté par
les vents, ou plein de broüées, & mauuaifes exhalaifons, que les arbres l'afpirant en ce mauuais eftat en perdent fouuent les fleurs, quelquefois les fruicts tous fournis & gros, ou les feüilles, & quelquefois les
branches, ou l'arbre en meurt entierement. Quelquefois auffi la fe-
chereffe eft fi grande, que la fubftance & nourriture demeurant alterée ne peut monter, & l'écorce fe durcit par la chaleur, les feüilles en
font bruflées ; mefme penetrant la chaleur trop profond en terre, les
racines demeurent alterées, & l'arbre meurt faute d'humidité.

   Quelquefois venant l'eau à croiftre plus que de couftume, elle noye
les racines, & les fuffoque quand leur nature n'ayme tant d'eau. La gelée d'vn grand hyuer, fur tout celuy qui vient tard, apres que la féue
a commencé de monter, tuë les arbres, ou du tout, ou partie. Quelquefois vn ver perçant, ou s'engendrant entre le bois & l'écorce, tour-
noyera fuccant la féue, & l'humeur qui monte, d'où il aduient que la
voye eftant empefchée, l'arbre meurt, à faute de nourriture. Plufieurs animaux, chenilles, hannetons, cantarides, fourmis, & autres,
apportent de grandes incommoditez aux arbres, mangeant leurs feüilles & tendre jet, & infectant le refte du bois par leur frequentation.
L'arbre mefme diminue fa vie portant beaucoup de fruict, dautant
qu'en cet effort il employe beaucoup d'efprits, defquels eftant defti-
tué le corps terreftre fe trouue fans vertu & languiffant. Bref les arbres
font pleins de dangers, nonobftant leur force : aufquels le Iardinier doit
auoir l'œil, amendant auec foin & diligence les inconueniens defquels
nous traicterons à part.

CHAPITRE II.

Des pepinieres.

I L y a des arbres qui ne viennent que de femence,
d'autres iettent du pied, & de leurs racines, d'autres
fe prouignent, d'autres viennent de bouture, lefquelles diuerfitez, nous n'oublierons, parlant des
efpeces qui multiplient en telles manieres, & en
monftrerons auffi la façon cy-apres.

   Maintenant nous dirons, que la pepiniere doit
eftre mife en grand air, en terre bien cultiuée de
labourage profond, & de long temps continuée ; afin que les ieunes &
tendres racines ayent facile accez, & que la terre n'ayant produit de
ce long temps, prenne plaifir aux femences qui luy feront données :
mais il n'eft pas befoin qu'elle foit des plus abondantes en fubftance,

afin que les arbres en trouuent vne meilleure, quand ils feront changez de place : car s'il auenoit autrement, ils ne deuiendroient de long
temps beaux & vigoureux apres auoir efté tranfplantez. Or fi nous
voulons auoir des arbres par le moyen des femences, il fera bon d'en
faire choix & diftinction de leurs qualitez, afin que quand nous voudrons nous en feruir, & les mettre en la place où ils deuront demeurer,
pour nous donner plaifir, & profit, que nous fçachions dequoy, &
quels ils doiuent eftre : ou bien quand nous les voudrons enter, que nous
ayons égard à ce qu'ils font, pour y employer des greffes qui conuiennent à leur nature, & à noftre intention : car encore que le greffe forme
l'efpece, le tronc ne laiffe pas de contribuer de la fienne, puis que toute
la nourriture eft premierement attirée & recueillie par luy, voire digerée en partie, & renduë propre à fon efpece.

Choififfons donc les pepins des meilleures pommes, & des meilleures Poires, auffi bien que les noyaux des meilleures Prunes, Pefches, &
Abricots, & les mettons à part felon leurs qualitez, feparant les rouges
d'auec les blanches & rouffes, les groffes d'auec les petites, les dures d'a-
uec les molles, les plus humides d'auec celles qui ne le font pas tant, les
douces d'auec les aigres, & ainfi de toutes, afin d'en faire élection quand
nous en aurons befoin, ou felon ce à quoy nous les voudrons employer,
car nous y trouuerons des differences bien grandes, & des chofes gentilles en prouiendront. Les pepins donc foient femez au commencement du Printemps, en la Lune vieille, en beau temps, par lignes ou
rayons : ils naiftront pluftoft, fi deuant les femer ils ont efté moüillez
& tenus enfemble vn pouce ou deux d'époiffeur, iufqu'à ce qu'ils
commencent à germer, s'échauffant l'vn l'autre ; & quand ils feront
naiz, qu'ils foient bien entretenus de farclure, afin d'empefcher les
autres herbes de venir manger leur nourriture, ou les fuffoquer : apres
qu'ils ont vn an ou deux, les faut tranfplanter, les difpofant en ordre, & leur donnant efpace pour croiftre & groffir. Quand les arbres à
pepin feront auancez en aage, s'ils montent haut, il fera bon de les couper à vn pied de terre, pour les faire renforcer, & groffir, ils s'accommoderont à cela, & ne le trouueront fi eftrange quand vous viendrez à
les couper bas pour les enter, comme nous dirons qu'il en eft befoin. Si
vous auez lieu pour les mettre à demeurer, il vaudra mieux les tranfplanter fauuages, que les hazarder & rendre malades apres auoir efté
entez. Ie les appelle fauuages, dautant qu'ils en tiennent, bien qu'ils
fuffent prouenus d'vn fruict franc, & qu'ils contiennent l'efpece ; mais
plus defectueufe que quand ils auront efté entez, & nous en donnerons
la raifon parlant des entes. Dauantage fi vous femez les pepins, ou
noyaux du fruict d'vn arbre qui auroit efté enté fur vn fauuageon, le
fruict qui prouiendra de telle femence, tiendra du fauuageon en partie,
& en partie du franc (gardant l'efpece du greffe duquel eftoit prouenu
le pepin) dautant que le pepin ou noyau qui eft produit pour continuer

l'espece, participe dauantage de toutes les parties de l'arbre, que ne fait le reste du fruict, duquel la nature est changée par le greffe: ainsi que i'ay veu vn pepin de pomme de Caluille, laquelle est rouge dedans & dehors, produire vn arbre qui a porté fruict deuant qu'estre enté ny transplanté, son fruict estoit de la forme de la Caluille, long, fait à douues, & froncé par la teste, mais blanc dedans & dehors, ayant seulement peu de tacheteures rouges sur sa peau luisante, son goust, son odeur, & la nature de sa chair tenoit en partie de la Caluille, & en partie de la Renette, qui est pomme blanche, estant ce meslange prouenu de la pomme de Caluille entée sur vn pommier de Renette, le pepin de laquelle retenoit des qualitez des deux. I'ay encore veu vn noyau de Pauie, qui est iaune, le noyau rouge, produire vn arbre qui porta sans estre enté en la troisiesme & quatriesme année, son fruict blanc dedans & dehors; puis il le porta les années suiuantes iaune & rouge vray Pauie, telle diuersité prouenant d'vn Pauie enté sur vn Persique blanc, le noyau planté ayant retenu les deux natures, qu'il fit paroistre separées, ayant produit le premier fruict moindre en sa foiblesse & premieres années, de la nature du tronc, & estant venu plus fort & aagé, le fit de la nature du greffe, plus ferme de goust & de couleur.

Pour le regard de semer les noyaux, il y a des hommes si soigneux, qu'ils ont pris garde en quel sens ils les mettoient en terre, pour donner lieu au germe de sortir plus commodement, & auec moins d'empeschement: mais puis qu'il est impossible de connoistre quel costé sera la racine, & quel la tige; il suffira par toute diligence qu'y pouuons apporter, de les poser en terre deux pouces profond, leur longueur estant couchée à plat, que si en auez d'excellent fruict, que ne vouliez hazarder dans terre aux taupes & mulots, & autres accidents, il les faut mettre dans vn grand pot qu'il faut bien couurir, & l'enterrer enuiron deux pieds dans terre, ou faire vne fosse de la mesme profondeur, le fonds de laquelle & costez garnirez de tuilles, afin que les taupes & mulots n'y puissent aller, & mettrez vos noyaux dedans, que recouurirez soigneusement auec des tuilles, & de la terre par dessus, & les laisserez là durant l'hyuer, lequel passé découurirez vostre cache, & trouuerez germez tous les noyaux qui seront bons, lesquels planterez au lieu où voulez qu'ils demeurent; ils naistront plustost si l'os estant cassé, vous plantez le noyau sans auoir esté offensé, ou l'ayant fait ouurir, par la chaleur du fient moite. Ainsi des Noix & Amendes, mais ceux-cy demandent estre mis au lieu, où vous desirez l'arbre pour tousiours, car ils craignent le transplanter sur tous autres: Et de fait, si vous prenez vn Noyer en l'aage de six ans, & au mesme iour le transplanter, vous plantez vne Noix proche de luy, douze ans apres le Noyer venu de la Noix sera plus grand que l'autre, bien qu'il ait vn tiers moins d'aage. Aucuns pour les rendre plus faciles au transplanter, plantant la Noix, ont mis vne pierre platte dessous, afin que sa

racine

racine qui entre droit & profond en terre soit diuertie , & que par
ce moyen l'arbre soit plus aisé à arracher : mais cela n'empesche la maladie qu'il en reçoit, & vaut mieux faire comme ie dy. Les Chastagnes
& les glands sont semez à pareille profondeur, & viennent fort bien
en terre apprestée. Pour tant de sortes d'autres arbres , qui viennent de semence, comme Orangers , Lauriers , Ciprez , Meuriers ,
Platanes, & autres, nous dirons la maniere qu'il y faut garder, si da-
uenture nous parlons de la nature de chacun d'eux en particulier,
puis qu'il en faut vser diuersement, & que nous auons à en dire d'autres choses.

CHAPITRE III.

De diuerses façons d'affier les arbres.

OVTRE la semence par laquelle la plus part des arbres continuent leur espece, & se multiplient, il
y en a qui le font encor par autre voye, poussant
du pied & des racines, des iettons qu'ils nourrissent, iusques à ce qu'ils soient aussi pourueus de
racines, lesquels estant forts on leue & transplan-
te; d'autres se prouignent eux-mesmes , tombant
en terre par leur foiblesse, & y font de nouuelles
racines : Nature montrant par iceux aux hommes,
vne voye bien asseurée & prompte, d'affier les arbres , sans rien perdre de leurs qualitez. Nous ferons donc les prouins , couchant vne
ou plusieurs branches d'arbres en terre, sans les couper de la souche,
d'où elles prennent nourriture, iusques à ce qu'ayant ietté des racines
elles se nourrissent elles mesmes : car la branche couchée en terre, sen- *Prouins.*
tant cette vertu generante, dont elle est entourée, qui la chatoüille &
époinçonne, cherche d'entrer en elle, afin que par son moyen elle voye
l'air , & fructifie selon sa nature qui tend perpetuellement à la production & generation : & trouuant aliment pour sa nourriture plus proche, & commode, que d'en attendre des vieilles , & longues racines
de sa souche, se prepare à la receuoir, forme de racines propre à la succer,
& lors elle se preuaut d'elle-mesme, & n'a plus besoin de la nourriture
du vieil tronc. Or si mettant la branche en terre, vous la tordez, ou-
urez, ou fendez, vous rendez par ce moyen la plante plus sensible
à la nourriture de la terre, & à la nourriture plus facile accez en la plante, & à la plante encor plus de facilité à produire des racines : lesquelles estant venuës dés la seconde ou troisiesme année vous ostez
le prouin, l'arrachant & le coupant du corps de sa souche, où il tient

F

encor; puis vous la tranfplantez en la maniere que nous dirons de tous
autres arbres.

Ou bien fi l'arbre duquel voulez tirer la race auoit les branches
fi hautes, qu'elles ne peuffent eftre couchées en terre, vous éle-
uerez des vaiffeaux pleins de terre, au trauers defquels ferez paffer les branches, preparées comme nous auons dit, ou feulement
mettant le bout de la branche en terre, il prend racine, & reiette en
arriere.

Il y a des arbres fi propres à receuoir nourriture, & qui ont tel
appetit, qu'en quelque façon qu'ils foient mis en terre ils ne nourriffent, eftans prompts à pouffer des racines, fpecialement les aquatiques, defquels fi vous prenez vne branche groffe comme le bras, ou la
iambe, & la faifant pointuë, pour donner plus de faces à la coupe de
l'écorce, & la mettez en terre, vn pied & demy profond, elle fe nour-
rift, iette des racines, & fe fait arbre : mais prenez garde de ne luy laiffer
la tige trop longue, car elle ne pourroit tant fuccer, qu'il feroit befoin
de nourriture.

Plufieurs arbres, arbriffeaux, & foubs-arbriffeaux, viennent auffi
facilement, leurs menuës branches eftans feulement mifes en terre
auec la fiche, ou en rayon, fans que de mille il en meure vn, & cette façon eft dite bouture : les branches plus proches de la terre font les plus
propres à cette maniere.

D'autres font plantez de marcottes, branches du dernier iet, accompagné de bien peu de vieux bois, lequel apres auoir coupé fort rond il
le faut fendre & ouurir auec vne petite pierre, grain d'auoine, ou féue,
le pofer en terre, pofé en demy cercle, & laiffer quatre doigts de la branche à l'air pour pouffer fon iet.

Toutes lefquelles façons de planter fe doiuent faire aux equinoxes,
à la fin de l'Efté, & à la fin de l'Hyuer, en coupant les branches en vieille
Lune, & les plantant en la nouuelle dés les premiers iours, ainfi que nous
dirons au Chapitre fuiuant.

CHAPITRE IV.

De transplanter les arbres.

Ovs auons parlé de la naiſſance des arbres, & moyens de planter, maintenant nous dirons ce qui nous ſemble de les tranſplanter, ſoit que pour noſtre plaiſir & commodité nous en voulions mettre aux lieux où il n'y en a point, ou que pour la commodité des arbres, nous les voulions changer de terre. Nous deuons ſçauoir que l'arbre ne peut eſtre arraché, qu'il ne ſoit en danger de mourir, ou que pour le moins, il n'en acquiere vne grande maladie; car en l'arrachant vous luy oſtez toutes les extremitez de ſes racines, qui ſont foibles & tendres, auec leſquelles il ſouloit prendre nourriture; voire vous luy coupez la pluſpart des groſſes, qui l'affermiſſoient en terre contre l'ébranlement des vents, & autres heurts, que les arbres craignent, eſtant cet affermiſſement & repos qu'ils prennent en terre, le moyen & ſeureté de leur vie.

Ayant donc la pluſpart de ces racines coupées, il faut par neceſſité luy couper les branches, le poids deſquelles, & leur ébranlement ne lairroient ſon pied ferme ny en repos. Mais il y a plus, dequoy les nourriroit-il, puis que tous les moyens que nature luy donne pour ſe nourrir, luy ſont oſtez: Car, comme i'ay dit cy-deuant, l'arbre n'a en proportion moins de racines pour ſuccer nourriture, qu'il a de branches à la diſtribuer, employant dés ſa naiſſance, la moitié de ſa puiſſance à former ſes racines, pour auoir dequoy nourrir ſa tige & branches. Si donc nous voulions ſuiure la Nature, qui eſt ſi ſage, & ſi grande maiſtreſſe, nous ne lairrions à l'arbre, en les tranſplantant, plus de tige, ny de branches que ſeroient longues ſes racines: Regardant le lieu d'où il depart ſa vertu en deux, moitié vers terre, & moitié à l'air. Or ce point du milieu doit eſtre mis trois pouces profond en terre, ſelon que nature a poſé là ſon commencement: Que ſi vous le mettez plus profond, ne s'aydant des vieilles racines, il en pouſſera de nouuelles de ſa tige plus proche de la ſurface de la terre, & lairra mourir les autres, qui luy cauſeront vne autre maladie par leur pourriture. Il faut auſſi regarder ſon aage, & ſelon iceluy ſe gouuerner, car depuis qu'il ſera paruenu à perfection, il n'eſt plus temps de le tranſplanter; s'il eſt fort ieune il n'a pas tant de force pour ſupporter l'incommodité & maladie, que s'il eſt auancé en aage. Si donc vous eſtes libre de le choiſir, il le faut prendre en croiſſance, fort & vigoureux, de belle venuë, bien appuyé ſur ſes racines de tous coſtez, ne luy laiſſant, encores qu'il ſoit gros de trois ou quatre pouces de diametre, plus de huiſt à neuf pieds de

F ij

tige : s'il a deux pouces de groffeur, fix à fept pieds de haut fuffiront, s'il
n'a qu'vn pouce de groffeur, trois pieds tout au plus, & s'il a moins, vous
deuez touiiours diminuer fa hauteur, afin de ne luy donner plus à nourrir qu'il n'auroit de force pour fuccer, dautant que nature n'ayme à
manquer a fes parties, & demande honnefte abondance. Il importe
grandement de prendre l'arbre en lieu bien aëré pour le remettre en
grand air, & en terre plus aride, & plus dure, que celle où vous voulez
le mettre : laquelle doit eftre appreftée long-temps deuant, vn an s'il
eft poffible, & plus, afin que la malice & intemperie qui eft au fecond
lit de terre (dans lequel il faut creufer) foit rabillée par l'air, par les
pluyes, & long Soleil, voire les gelées & la neige y ayderont. Si vous
n'auez qu'vn arbre à planter, faites luy vne foffe large & profonde : fi vous
en voulez planter plufieurs en mefme ligne, qui foient forts, quand bien
vous les mettrez à douze, quinze, au dix-huiᶜᵗ pieds loing l'vn de l'autre, il fera bon de fairè vn foffé continué pour tous, qui foit large &
profond, felon la qualité des arbres & de la terre, eftant neceffaire de
faire la rigolle plus grande en mauuaife terre qu'en la bonne, & le plus
long-temps que le pourrez faire deuant que planter fera le meilleur,
la terre que tirerez du foffé fera amendée par la frequentation des autres elements, fon fonds fera euaporé, & les racines des arbres trouueront à perpetuité cette terre reuirée plus facile à penetrer, cherchant
dedans leur nourriture. Faifant cette foffe, ou rigolle, faut feparer la
terre qui en fera tirée, mettant celle de la furface d'vn cofté, qui eft la
meilleure, pour la mettre deffous & deffus les racines de l'arbre, & l'autre acheuera de remplir la foffe : La raifon que nous auons de confeiller
à tous ceux qui veulent planter comme il faut, de faire des foffes ou ri-
golles, & non des trous, comme la plus part font, bien qu'il coufte vn
peu dauantage, ce femble d'abord, eft que les racines des arbres plantez dans des trous, s'ils ne font fort grands, trouuent incontinent la terre dure & ferme, qu'elles n'ont la force de percer pour prendre leur
nourriture, ce qui les fait languir & auorter, & à la fin mourir : cela n'arriue à ceux qui font plantez au milieu de la rigolle, par ce que trouuant
la terre mouuée de cofté & d'autre, les racines la fuiuent, & y prenant
leur nourriture à plaifir ils pouffent vn beau iet, trouuant plus de terre
mouuée le long de la rigolle, que les racines n'en peuuent occuper de
long-temps, ce qui les empefche d'aller chercher les coftez.

Il n'eft pas bon de planter en toutes faifons, car celles de l'Ffté & de
l'Hyuer ne font pas propres, à caufe du chaud & du froid exceffifs : les premiers iours du Printemps, & les premiers iours de l'Automne font les
meilleurs, pour la bonne temperature de l'air, qu'en ces temps, la nature
trauaille auec diligence, au Printemps pour pouffer, & en l'Automne
pour fe refaire & approuifionner par vne feue qui fe fait lors, & qui eft
amortie par le froid qui furuient pluftoft en l'air qu'en terre. Les premiers
iours de l'Automne font propres à tranfplanter, car les playes que vous

aurez fait à l'arbre, tant aux racines qu'aux branches, feront incontinent confolidées par cette loue, & le temps doux qui y eft commode. L'arbre qui fe trouuera eftropié de tous coftez, iettera premierement des racines, (trouuant plus de temperature en terre, qu'en l'air) afin de fe pouruoir de nourriture en faifon, & s'affermir fur fon pied:l'Efté & l'Hyuer, la nature eft arreftée.par l'intemperie, & l'arbre demeurant long-temps fans rien faire, n'ayant affez de force contre les rigueurs de ces faifons : Mais le Printemps fera encor plus propre au tranfplanter, dautant que l'arbre ayant demeuré l'Hyuer en fa terre naturelle fe fera approuifionné de nourriture pour ietter au Printemps, comme il fouloit, & fi toft qu'il fera remis en terre commencera à bien faire. Mais auffi il y aura danger des chaleurs & hale du Printemps, aufquels il faudra pouruoir par arrofement abondant , comme nous dirons. D'ailleurs l'eftat de la Lune doit eftre auffi confideré , car il n'eft pas raifonnable de leuer l'arbre hors de terre , luy couper les branches, & les racines, durant qu'il eft plein d'humeur, ce qui fe trouue au plein de la Lune, cette humeur & nourriture s'éuapore à l'air, par les playes qu'il a receuës, & par les racines, qui ont accouftumé d'eftre couuertes, & enuironnées de terre, & le grand air les éuente; mefmes quand vn vent de Midy, ou autre relafchant, laiffe les pores ouuerts, & amene des humiditez & pluyes : la nature fe fafche de cette perte de fubftance, qui eft fon trefor, & vaut mieux la prendre en eftant moins pourueuë, & en appetit de s'en pouruoir, afin qu'incontinent elle trauaille à cela quand vous luy en aurez donné le temps & le loifir.

Vous prendrez donc garde à la fin de l'Hyuer, & à la fin de l'Efté, quand le grand chaud & le grand froid font paffez, qui eft enuiron la my-Septembre & Octobre, ou Feurier & Mars, felon les climats, auifant l'eftat de la Lune aux trois ou quatre iours de fa vieilleffe, fouflant vn vent Septentrionnal qui rende l'air beau & net, & referre les pores: vous arracherez vos arbres le plus foigneufement que pourrez, coupant pluftoft les racines auec la ferpe tranchante, que de les meurtrir auec le hoyau, laiffez les d'vn pied de long, plus ou moins, felon l'aage & groffeur de l'arbre, tranfportez les tandis que la Lune renouuelle, & des fon premier, au prochain iour, les ayant bien emondez, & rafraichy le bout des racines , & coupé celles qui fe trouueront rompuës ou froiffées, plantez les bien droicts, & à plomb, au milieu de voftre rigolle, mettant au fond d'icelle de la terre à fuffifance, afin que l'arbre ne fe trouue enterré plus profond de deux pouces, qu'il n'auoit accouftumé, ne gueres moins auffi, rempliffant tout le vuide en le fecoüant, & prenant bien garde qu'il ne demeure de l'air entre les racines qui leur apporte vne moififfeure qui les fait mourir, vous foulerez la terre deffus les racines affermiffant l'arbre, & le couurant bien, ne luy laiffant plus de fix pieds de tige hors de terre. Il fe pourra faire, n'ayant que peu d'arbres à tranfmuer de places proches l'vne de

l'autre, que vous épargnerez à l'arbre, racines & branches, faisant de
cette façon, durant l'riyuer, & peu de iours deuant qu'il gele ferré, faites quatre tranchées autour du pied de l'arbre que voudrez tranfpor-
ter, qui s'aboutiffent l'vne à l'autre, & autant éloignées du pied, que iu-
gerez s'étendre fes racines, qui fera peu moins que fes branches, enuironnez ce carré auec des foleaux, ou forts ais, enclauez l'vn dans l'autre, où ils fe rencontreront aux angles du carré ; puis quand la forte gelée fera venuë, & que la terre fe tiendra ferme comme vne pierre, ca-
uez par deffous les racines de l'arbre, departant tout le carré d'auec le
refte de la terre, puis auec cabeftans, & engins à leuer fardeaux, tirez
voftre arbre hors de la tranchée, auec fa terre contenuë entre les ais,
pofez le fur des rouleaux, & le pouffez vers la foffe qu'aurez appreftée
pour loger ce carré de terre, & auec le cabeftan, pofez le dans la foffe,
en l'allignement qu'aurez proietté : oftez les ais & rempliffez le vuide,
vous deuez croire que l'arbre ne fe reffentira pas du changement, fi vous
le pofez au mefme afpect qu'il fouloit eftre.

Les arbres ont fort bonne grace eftans plantez à la ligne par diftances égales : ou quand s'accommodant à leurs formes particulieres, felon leurs efpeces, vous les entremeflez, variant les diftances, auec la qualité de chacun, pourueu que cela fe faffe par bon ordre, & auec raifon,
obferuant bonne fymmetrie & correfpondance. Mais ie ne puis ap-
prouuer l'ordre quincunx preffé, ou par allées en tous fens, pour les
arbres fruictiers, ores qu'ils foient tant vfitez, dautant que les arbres
n'ayans l'air libre que par la fommité montent haut, laiffant le bas de
leurs branches dégarnies, la fubftance a puis apres trop de chemin à
faire, & l'air eft reclus foubs eux, qui s'enuironnans l'vn l'autre, s'empefchent auffi le Soleil, qui les regarde obliquement, empefchent principalement fes rayons d'échauffer la terre ; & la pluye ne l'arrofe en fa
cheute fi excellente pour tel effet, car l'vn & l'autre font arreftez fur la
fommité des arbres, où ils n'en ont tant de befoin qu'aux racines, ny
que la terre, à qui on ne peut laiffer prendre trop fouuent le Soleil & la
pluye, pourueu que l'vn n'excede la force de l'autre. Cette erreur
commune fe prouuera, en ce que la terre qui eft foubs ces arbres, ne
produit rien de ce que l'on y feme, qui vienne à perfection, & cela fait
que le Iardinier dédaigne de la labourer, ce qui l'empire encores. On
voit auffi que les arbres eftans venus grands, & occupans tout l'efpace,
ne portent non plus de fruict que la terre. Au contraire, voyez les
arbres plantez chacun à part en grand air, vous les trouuerez bien formez, bien fournis, & portans fruicts de tous coftez. Mefmes ceux qui
font plantez en vne feule ligne, ou deux, éloignées, bien qu'affez prés
les vns des autres, ont pour le moins d'vn ou de deux coftez, l'air libre,
auffi s'étendent-ils de ce cofté-là, & y portent plus de fruict. Les grands
efpaces de terre qui font laiffez entre les lignes feruent à porter les legumes, herbes potageres, ou autres chofes, eftans pour cet effect la-

bourez, & ameliorez, cela feruira auffi pour la nourriture des arbres qui
fçauront bien eftendre leurs racines du cofté qu'ils trouueront la terre
mieux appreftée.

Nous mettrons auffi quelque difference en la profondeur que doit
eftre l'arbre remis en terre felon la qualité d'icelle, car la terre legere
& détachée fera plus facilement penetrée & deffeichée par les rayons
du Soleil, que ne fera la terre graffe, & fi ce que nous appellons terre
forte en cette terre legere nous poferons l'arbre vn peu plus profond,
mais non plus d'vn pouce ou deux, car l'arbre prend fa nourriture
proche de la furface de la terre, & y forme de nouuelles racines, s'il eft
tranfplanté trop profond, comme nous auons dit. Pour euiter l'inconuenient qui arriueroit par la feichereffe à noftre nouueau plant, il fera
bon de couurir la terre autour du pied de l'arbre, auec paille, chaume,
ou feugere, pour conferuer en icelle l'humidité, & empefcher la trop
grande ardeur du Soleil, qui penetreroit facilement le peu d'époiffeur
de terre qui couure les racines ; cette legere couuerture n'empefchant
point la pluye de penetrer, voire fi l'on eftoit contraint d'arrofer elle empefchera l'affaiffement qui fe fait à la cheute de l'eau verfée en abondance, & oftera le befoin d'arrofer fouuent.

Or de ce que i'ay dit de tranfplanter des arbres en general doit eftre
obferué generalement, en toutes fortes d'arbres, arbriffeaux, & foubs
arbriffeaux, foit les plantant à part, ou en faifant bordures, hayes d'appuy, ou de defenfe, palliffades, efpalliers, cabinets, ou bouquets : car
faifant ainfi vous auancerez le temps & la befogne, trauaillerez feure-
ment, & ne vous tromperez point. Comme font ceux qui fans couper
les branches, & fans regarder les faifons, ny l'eftat de la Lune, ny des
vents, plantent les arbres tous entiers, difent-ils, fans confiderer qu'on
leur a ofté les principaux membres, qu'on ne leur peut laiffer en les arrachant, fans fçauoir auffi quand ils furent arrachez, ny quel terroir ils
auoient accouftumé.

CHAPITRE V.

Des Entes.

'INVENTION d'enter les arbres, & les affccier ensemble, a esté heureusement trouuée par les Anciens; car outre l'augmentation de beauté & bonté, qu'elle apporte aux arbres & aux fruicts, la facilité qu'elle donne, de recouurer les especes que nous n'auons point, est de commodité infinie : ainsi qu'ont bien apperceu ceux qui auec diligence ont depuis cherché tant de façons diuerses d'enter que nous auons à present, pour en pouuoir vser en diuerses saisons, selon la commodité de pouuoir recouurer les greffes, & selon la qualité de leurs arbres. Toutes lesquelles façons diuerses dépendent d'vn seul secret, qui est de poser les écorces des deux adioints, en telle sorte que la séue montant aille de l'vn à l'autre.

Or comme i'ay dit, parlant des arbres en general, l'espece auec toutes les qualitez estant portée iusques aux extremitez, aboutit en vn point dans les boutons, où elle est aussi parfaitement contenuë, qu'elle est dans la semence, ou dans tout l'arbre : chose non moins émerueillable. que de la puissance du germe qui est en la semence. De façon qu'il nous suffit d'auoir vn seul de ces petits boutons, pour tirer l'espece entiere d'vn arbre, lequel nous pouuons poser sur vn autre arbre, d'autre espece ou semblable, & le contraignant à pousser toute sa force vegetante, par ce petit détroit estranger, il en emprunte la vertu, qu'il va multipliant en sa croissance, aussi abondamment qu'il eust fait la sienne propre; voire beaucoup dauantage. Car les deux adioints venant à se conioindre par l'humeur glutineuse de la séue, il se fait vn calus, qui ayant les porositez moins élargies, la substance se rarefie en passant, & montent les esprits plus subtils, qui faisant le iet nouueau y portent moins du terrestre. Ainsi voyons nous qu'vn arbre enté, quand mesmes ce seroit de ses propres branches, aura le bois, l'écorce, les feüilles, & le fruict plus poreux & acre qu'il n'auoit parauant. Et cette consideration n'est pas petite au fait des entes, car mesmes les arbres qui ne portent point de fruict, estans entez en deuiendront plus beaux, & pousseront auec plus de diligence, la dureté du terrestre estant diminuée. Dauantage par l'enture, non seulement le mélange des especes se fait, d'où il prouient des nouueautez plaisantes, & gratieuses, & des ameliorations exquises; mais aussi il se fait des choses monstreuses contre nature, bien qu'elle mesme les fasse : n'est-ce pas chose estrange, que deux boutons soient posez l'vn sur l'autre en entant en écusson, ils prendront tous deux si le dessus est plus long & large que le dessous, & pousseront vne mesme

branche,

branche, dont le fruict qui en prouiendra fera double, reueftu l'vn dans l'autre, plufieurs autres chofes gentilles fe feront en entant, dont nous parlerons à temps.

CHAPITRE VI.

Des diuerfes façons d'enter, & des obferuations qu'il y conuient faire.

O N ente l'arbre en fente, quand luy coupant nette- *En fente.* ment le corps s'il eft ieune, ou s'il eft arbre fait, les branches, vous fendez le tronc, & pofez en la fente de l'vn, ou des deux coftez, vne branche de l'autre arbre que voulez affier : qui eft le greffe, coupé en coin felon la forme de la fente, de laquelle, pour ne la faire trop grande, vous oftez vn peu de bois, à proportion du greffe, qui par ce moyen en demeure plus fort, pofant les féues vis à vis l'vne de l'autre, & fe touchant, vous bouchez auec terre graffe, ou auec poix refine fonduë auec peu d'autre poix, graiffe, & cire, toute l'adionction en forme de poupée : empefchant que l'air & la pluye n'y entrent. Le greffe doit eftre pris de la fommité de l'arbre du cofté d'Orient, du plus vigoureux bois, coupé en vieille Lune : Il fera enté en nouuelle Lune, fouflant vn vent Septentrionnal, qui rende l'air beau & net ; la meilleu-re faifon eft au Printemps au renouueau de Lune, plus prochain de la féue, & deuant qu'elle monte ; les raifons de cecy, font celles que i'ay données au tranfplanter, parlant de la Lune, & du vent : car par ce moyen, le greffe vuide de fubftance s'éuente moins, & eft plus apte à le receuoir, quand bien toft elle viendra, voire ayant efté gardé le greffe d'vne Lune à l'autre, il en prendra mieux eftant en plus grand appetit. Les greffes font pris ordinairement du dernier iet accompagné du precedét: mais quand ce fera pour mettre fur des forts arbres, ils fe peuuent prendre de branches plus vieilles & groffes : & bien que ce foit contre la couftu-me, faites le ainfi auec beaucoup de raifon, & fur l'experiênce que i'en ay faite : car comme i'ay dit du tranfplanter des arbres, les forts refiftent mieux au mal, que les foibles : outre que la fubftance en tel greffe eft plus digefte, & plus appreftée à porter fruict. Refte d'auifer qu'il y ait des boutons, qui ont accouftumé de s'effacer au vieux bois, mais fans iceux nature en formeroit pour fortir. Les greffes cueillis en vieille Lune, de-uant la faifon d'enter, la coupe eftant mife en terre graffe, de crainte qu'ils ne s'éuentent, peuuent eftre gardez deux ou trois mois, s'il eft be-foin, pour les recouurer des Contrées loingtaines.

Toutes fortes d'arbres fupportent cette façon d'enter, qui eft la meil-leure, & entre autres ceux des fruicts à pepin en viennent beaux, & de ceux à noyau, le Prunier & le Cerifier ; entre lefquels nous ferons diffe-

G

rence, entant ceux-cy haut, & les autres bas, quand ils font ieunes arbres. Le fauuageon du fruict à pepin a le bois dur, noüeux, efpineux, de
mauuaife venuë, l'efcorce rude, le fuc afpre, & de mauuais gouſt : le
franc au contraire a l'efcorce vnie, le bois enflé, & de belle venuë, & de
bon fuc, qui fera que nous enterons ces arbres prés de terre, pour leur
laiſſer peu de bois & de fubſtance fauuage, & afin que le franc prenant dés
le pied, faſſe vne belle tige. Le fauuage Prunier, & Cerifier au contraire
a le bois droict, de belle venuë, l'efcorce vnie, & le fuc doucereux : le
franc a le bois trop acre & foible, & l'efcorce rude, qui fera que pour
auoir les arbres beaux, nous les enterons haut autant que portera la qualité de l'arbre.

　　Vne autre façon d'enter, approche de cette-cy, quand au lieu de fen-
En con-
ronne. dre le tronc, vous poſez les greffes couppez en coin, entre le bois & l'efcorce en forme de couronne, & cette-cy eſt pour les gros arbres
malaiſez à fendre, vne tres bonne façon de proceder : car tout ainſi que
de l'autre, la repriſe fe fait fous la poupée, ne fe faifant des deux adioints
qu'vn meſme corps.

En appro-
che. 　　Vne autre eſt dite en approche, qui eſt quand de deux arbres proches
l'vn de l'autre, vous prenez la branche de celuy que voulez affir, & la
paſſant par dedans l'autre, fans la coupper, vous inciſez l'efcorce afin de
ioindre les deux feues.

En oreille
de lieure. 　　Vne autre eſt dite en oreille de lieure, quand les deux adioints d'vne
meſme groſſeur font coupez biaifant, comme le ferrement d vn Menui-
fier, nommé bec d'afne, & appropriez l'vn auec l'autre, que les feues fe
ioignent par tout, vous les liez auec chanure ou laine, & couurez auec
terre graſſe au meſme temps & faifon que les autres façons fufdites.

　　D'autres façons d'enter font faites l'Eſté, bonnes & bien vfitées, la plus
facile & vtile eſt de bouton, quand le leuant du iet nouueau, en forme
En eſcuf-
fon. d'efcuſſon, vous l'appliquez entre le bois & l'efcorce de l'arbre que vous
entez, foit en vieux ou ieune bois, liant auec chanure l'efcorce fenduë
par deſſus l'efcuſſon, laiſſant le bouton libre, ayant pris garde de le leuer
fi bien, que le bouton & fon germe foient entiers : voire leuant vn peu
de bois auec l'efcuſſon, il en vaut mieux. Cette façon d'enter eſt commode & admirable, comme i'ay dit, pouuant vous en feruir en toutes
efpeces d'arbres, arbriſſeaux, & foubs arbriſſeaux, depuis qu'ils ont vn
an iufques en leur vieilleſſe : eſtant ieune vous poſez l'efcuſſon fur le
corps, & eſtant vieux vous luy coupez les branches, & ayant ietté au
Printemps, vous poſez les efcuſſons fur le iet nouueau, luy oſtant les
fommitez & le fuperflu, & tous les boutons. Tel procedé fert, non
feulement à changer l'efpece, mais quand vn arbre ne portera fruict, ou
aura les branches rabougries, vous aurez plaifir en cette pratique : car
l'arbre portera fruict dés l'année fuiuante, fi dés le mois de Iuin vous
l'entez : & de cette façon pourrez mettre fur vn arbre tres grand nombre d'efcuſſons qui feront employez à propos aux Abricotiers, & Pef-

chers, soit que les entiez l'vn sur l'autre, ou sur Pruniers, ou Amandiers.

On ente aussi de cette façon vers la fin de l'Esté, durant la séue, sans En œil dormant.
rien couper de l'arbre iusques au Printemps prochain, voyant l'escusson
pris: & lors luy ostant tout autre moyen de pousser, il fait durant tout
l'Esté vn grand jet, qui a plus de force pour resister au froid de l'Hyuer
suiuant, que n'eust eu celuy qui auroit esté enté au mois de Iuin, qui
n'eust peu pousser qu'vn bien petit jet auant l'Hyuer.

Vne autre façon est en fluteau, quand ayant les deux adioints du jet En flu-teau.
nouueau, de pareille grosseur, vous leuez le bouton auec le rond de l'escorce, & appliquez sur l'autre, despoüillé le faisant entrer par le bout,
iusques à ce qu'ayez atteint la mesme grosseur.

Cette façon est vtile aux Chastaigners, gros arbres, leur coupant les
branches pour auoir nouueau jet, & neantmoins vallent mieux entez
en fente. sur le corps quand ils sont ieunes, ou estant vieux, sur les branches, de jet de trois ou quatre années, ainsi que tous autres arbres.
Vne autre façon d'enter en bouton est excellente, emportant la piece
de l'escorce du tronc de la mesme grandeur de celle où est le bouton que
voulez enter, laquelle vous posez iustement sur le tronc en la place de
l'autre, liant auec chanure ou laine. L'outil propre à cette façon d'enter
doit auoir deux tranchans, vn qui porte la hauteur, & l'autre la largeur,
afin de faire les pieces égales plus facilement.

CHAPITRE VII.

Du moyen de conseruer, augmenter, & changer les qualitez aux especes.

Ovs auons desiré qu'en semant les pepins, &
noyaux, on en fasse distinction, selon leurs qualitez, afin que l'arbre estant venu, on l'employe à ce
à quoy il sera propre, ou qu'on employe en luy
quand on l'entera, des greffes qui conuiennent à sa
nature: ou si l'on le véut changer, l'on y entremesle
des contraires ou differens. Par ce moyen vous Par les entes.
aurez des pommes plus douces, si les deux agents,
à sçauoir le tronc, & le greffe sont doux: vous les aurez plus blanches,
ou plus rouges, si les deux sont blancs ou rouges; plus grosses, si les deux
souloient produire le fruict gros; & ainsi des autres qualitez, & des autres especes. L'espece mesme se maintiendra bien mieux sur la mesme
espece, que si vous l'entez sur vne autre differente. Comme aussi quand
vous voudrez changer les saueurs, les couleurs, ou autres qualitez, auancer, ou retarder la production des fruicts, il faudra employer des sujets
conuenables à vostre intention. Tenant pour certain, puis que c'est le
tronc qui recueille la substance dont l'arbre est nourry, & dont est faite

la produ&ion, qu'il la prepare à fa nature, tant qu'elle demeure en luy,
& qu'elle en participe encores quand elle a paſſé au greffe, ayant eſté en
partie digerée par le premier, & parfaite au ſecond. Ainſi les deux
agents eſtans diuers, diuerſifieront le fruict, auquel tous deux contribueront: & pour cette raiſon nous auons dit que les arbres à pepin doiuent eſtre entez bas prés de terre, pour y laiſſer tant moins de ſauua-
geon, qui rend la ſubſtance qu'il ſucce amere & aſpre ſelon ſa nature, &
au contraire des fruicts à noyau.

Donc quand vous voudrez meſler les qualitez d'vn fruict à l'autre,
prenez le greffe de l'eſpece que voulez conſeruer, & plus vous voudrez qu'il participe des qualitez qui ſont en l'autre, laiſſez le tronc daū-
tant plus long, entant au haut de la tige, ou dans les branches, afin que la
ſubſtance montant par vn plus long canal, retienne dauantage de la
nature d'iceluy. Ainſi ſeront rendues laxatiues les Prunes & les Ceriſes,
qui ſeront entées ſur le Nerprun, dautant que le tronc ayant cette faculté purgeante la contribuera à ſon adioint. Ainſi ſe feront rouges
les fruicts qui ſeront entez ſur le Meurier, & ainſi d'autres qui auront
d'autres facultez; Et c'eſt la raiſon pour laquelle on ente les Poires de
bon Chreſtien ſur le Coignié, qui les rend de plus belle forme & couleur,
& qu'on ente deſſus toutes ſortes de fruicts qu'on plante auſſi eſpalliers;
par ce que ne venant pas fort grand arbre, il ne pouſſe de ſon naturel
guere de bois, bien qu'il aye force cheuelures és petites racines, auec
leſquelles il attire quantité de ſubſtance qu'il employe à faire ſon fruict
gros & beau, & communique cette vertu aux eſpeces qu'on met
deſſus, qui produiſent d'ordinaire le fruict plus gros, & moins de bois
que ceux qu'on ente ſur les ſauuageaux de meſme eſpece, ſur leſquels
pourtant ils durent plus long-temps, & produiſent leur fruict de meil-
Pa la tu-
re na tu-
relle.
leur gouſt. Dauantage nous diſons que la terre de laquelle l'arbre tire ſa nourriture, ayant naturellement des conuenances aux qualitez
que vous deſirez aux fruicts, ou ſi elle les a contraires elle les contribuera: celle qui eſt ferme & pierreuſe, affermira les fruicts; celle qui
eſt douce, legere & ſans pierre, les affermira moins, & ainſi des autres:
& ſi la nature du fruict, & celle de la terre où il eſt nourry conuiennent,
l'vne augmentera l'autre: ſi elles ſont contraires, le fruict s'en reſentira.
Pa la tu-
re artifi-
cielle.
Il y a plus, car à la terre nous pouuons encor contribuer d'autres qualitez de ſaueurs, odeurs, & couleurs, la meſlant de fiens diuers, ou de
cendres, dont nous auons parlé, qui eſtans pleins des principes de la generation des corps deſquels ils ſont prouenus, ils contribueront à la terre,
& à la nouuelle produ&ion qu'elle fera, les qualitez premieres qu'ils ont
fourny & retenu deſdits corps premiers: deſquels fiens, la vertu produiſante de la terre ſera non ſeulement augmentée, mais auſſi changée,
ſi ces nouuelles aydes & qualitez que nous luy fourniſſons, ſont plus
puiſſantes que celles qu'elle auoit auparauant. Comme par exemple vn
Prunier de damas violet ſouloit porter ſon fruict doux & mielleux,

ainſi que ſont ordinairement telles ſortes de Pruniers, mais par le moyen d'vne vieille ſaumure, qui fut verſée inconſiderément au lieu où il eſtoit planté, il porta depuis ſon fruiȼt ſi ſalé, qu'il eſtoit impoſſible d'en man-ger. Si les ſirops, & faiſſes de ſucre, ou de miel, ſont auſſi employez en terre, elle fournira le gouſt ſauoureux aux fruiȼts qu'elle produira, & ainſi des autres ſaueurs. De meſme s'augmenteront, ou changeront les couleurs, & les odeurs, ſi les fiens que nous employerons ſont puiſſans en telles qualitez, ainſi qu'il s'en trouue. Le marc de vin rouge hauſſe la couleur des œüillets, & autres fleurs; il le fait de meſme aux fruiȼts, ſpecialement aux Oranges, & leur augmente encor le ſuc, rend l'écorce plus deliée, retenant ces qualitez des raiſins noirs, qui les ont: d'autres feront de meſme à d'autres ſelon leur force teignante, ou autres qualitez. Tant d'arbriſſeaux, & plantes odorantes, abondantes en ſel, ne contri-bueront-elles pas leurs vertus auec luy, puis qu'enſemble ils ſont infus; voire le bois eſtant bruſlé, ce ſel qui reſte és cendres eſt encor partici-pant des vertus qui eſtoient en l'arbre: comme ce grand Caton (ſans en dire la raiſon) a enſeigné que les cendres des ſermens miſes aux racines de la vigne, augmentoient grandement ſa force & ſa bonté.

L'eau auſſi dont la terre ſera arroſée, ſi elle a des qualitez conuenan- Par l'eau tes, ou contraires à ce que nous deſirons, les fera paroiſtre, o⁓ ſi nous en infuſons en elle, qui eſt vn moyen bien facile pour l'odeur, couleur, & ſaueur, outre la grande nourriture & force produiſante, que cet arroſe-ment donnera, ſi dans l'eau ſont infus des fiens propres aux plantes qui en ſeront arroſées. Bref il n'y a point de doute, que tout ce qui eſt nourry, ne participe aux qualitez de la nourriture qu'il prend, ainſi que nous l'ap-perceuons aux animaux, comme Lapins & Griues, qui nourris de ge-néure, ſentent le genéure, & les Perdrix qui au Printemps paiſſants l'ail ſauuage en retiennent le gouſt, & tant d'autres.

Le Soleil auſſi fera paroiſtre ſa vertu, ayant puiſſance infinie, non ſeu- Par le So-leil. lement à la produȼtion & maturité des fruiȼts, & en tout autre effet de la nature, mais ſpecialement en ces changemens, dont nous parlons: Car ces trois eſprits ſubtils & excellents, l'odeur, la couleur, & la ſa-ueur, conſiſtants en la chaleur naturelle, ſont augmentez par luy ſelon qu'il leur depart ſa puiſſance par ſes rayons: & cecy voyons nous, quand les fruiȼts qui ſont produits à l'ombre, different de ceux qui ſont veus du Soleil, voire en vn meſme arbre, & les plantes qui ſont couuertes, à faute d'eſtre expoſées au ſoleil & à l'air, blanchiſſent, changeant & di-minuant leurs couleurs, & leurs ſaueurs.

Il ſe trouuera aux arbres quelquesfois des defauts, qu'il y aura moyen Par ſoin & artifi-ce. de reparer, comme quand l'arbre prenant plaiſir à croiſtre, s'y ſera telle-ment accouſtumé, qu'il oubliera de fleurir & porter fruiȼt, luy coupant les boutons deſtinez à la croiſſance, qui ſont ceux des bouts; il faudra qu'il pouſſe par les autres premiers deſtinez pour les fleurs, & fruiȼts, que nous auons remarquez, parlant des arbres en general, & lors il por-

G iij

tera fruict s'il en eſt capable ; car il ſe trouue des arbres ſteriles comme
des animaux ; il y en a auſſi qui floriſſent abondamment, & ne portent
point de fruict, bien que d'autres arbres de meſme eſpece en portent
en meſme contrée, qui eſt vn teſmoignage que cela ne vient du defaut
de l'air, lequel ſouuent gaſte les fleurs : mais c'eſt qu'ayant beſoin de
grande ſubſtance, pour la production du fruict qui ſoit pleine d'eſprits
conuenants à iceux, la terre en eſtant dépourueuë faute de culture &
amelioration, l'arbre ne trouüant que du terreſtre, qui n'eſt propre qu'à
la nourriture de ſon corps, il le rend plus fort & ſolide par ce moyen, que
s'il eſtoit nourry de meilleure ſubſtance, bien temperée des vertus &
puiſſances des autres Elements, leſquels auſſi fourniroient matiere propre à la production du fruict, ſi la terre eſtoit miſe en eſtat de les receuoir.

A cecy il faut vn grand labourage, & augmentation de bonne ſubſtance, & oſter les empeſchements à l'air & au ſoleil, afin qu'auec la pluye
ils contribuent leurs vertus à cette terre, qui autrement ne peut produire que ſelon ſa force ; ainſi que nous auons dit traictant des terres en
general.

Or ſi l'arbre s'eſtant trop endurcy, par vne longue & mauuaiſe nourriture, ne vouloit porter fruict, (ou en portant, le faiſoit trop aſpre, rude
& pierreux,) auoit beſoin de plus puiſſante ayde, il ſeroit beſoin luy
couper la teſte l'ébranchant, & faire à l'enuiron de ſon pied (ſans toute
fois l'ébranler) vne tranchée large & profonde, coupant auſſi ſes racines, laquelle tranchée, ou foſſé, il faudra remplir de la meilleure terre
pleine de ſubſtance qui conuienne à la nature du fruict qu'il doit porter,
comme les cendres des ſerments, & marc de vendange bien pourry à
la vigne, & autres fruictiers deſquels le fruict eſt abondant en ſuc, le tan
de noix aux Noyers, les pommes pourries, & le marc de citre, aux
Pommiers, & ainſi des autres fiens & cendres, dans leſquels reſtent les
principes de generation des corps, dont ils ſont faits.

Par ce moyen l'arbre portera beaucoup de fruict, & meilleur, les pierres en ſeront oſtées aux Poires & Coings, & aux autres fruicts, & ce
qu'il y auroit de trop terreſtre corrigé ; voire coupant la teſte à vn arbre
bien fructueux, & l'empeſchant par ce moyen de porter fruict quelques
années, pendant leſquelles il recueillera beaucoup d'eſprits, eſtant
nourry abondamment de bonne ſubſtance propre à ſa nature, quand
puis apres il en produira, il ſe fera gros, mieux nourry, plus plein d'eſprits,
& auec moins de terreſtre. Et par telle induſtrie, comme par la raiſon
que nous auons donnée des entes, s'oſtent ainſi que deuant eſt dit les pierres aux Poires & Coins, ſe diminuent les noyaux & pepins aux fruicts,
la peau s'en fait plus deliée & douce, la queuë plus courte : les fleurs des
arbres & arbriſſeaux, qui ne portent point de fruict, ſe multiplient &
deuiennent doubles. Bref la nature enuieuſe de bien faire, s'efforce au
bien autant qu'elle en a de pouuoit. Il ſe trouuera encore vne inuention gentille d'augmenter la force & vertu aux arbres, en leur donnant

deux racines pour vne tige, si deux arbres sont nais, ou transplantez
prés l'vn de l'autre, estans ieunes vous couperez en biaisant leurs tiges,
vis à vis l'vne de l'autre, & les ioindrez ensemble, en les liant auec chanure ou laine, & laisserez à costé de la conionction vn bouton libre, pour
pousser, dans celuy des deux duquel voulez conseruer l'espece, laquelle
sera par ce moyen augmentée par l'autre ; voire les fruicts en deuiendront doubles, si les deux sont de mesme espece. Deux greffes de fruicts
diuers, entez sur vn mesme tronc, & reioints ensemble, pour ne faire
qu'vn iet, feront vn meslange de la nature des deux. Si ioignans les
serments de vigne, ou d'autres arbres qui viennent de bille, ou marcottes, vous les mettez en terre, & les contraignez de pousser par vn
seul iet ; il n'y a doute que les fruicts qui en prouiendront, participeront
de la nature de ceux, dont estoient lesdites branches, ou serments, &
de là se font les raisins, & autres fruicts, de deux couleurs, & de là se
fait encore que ces arbres produisent abondance de fruicts, chacun voulant contribuer le sien.

Ainsi des pepins, graines, & noyaux, semez ensemble & pressez,
le germe de plusieurs s'assemble, & fait vn seul iet, ou bien vous les contraignez à cela, quand ils viennent à pousser separément, coupant leurs
iets, & les assemblant de nouueau : Par tel moyen se fait aussi la multi-
plicité de feüilles dans les fleurs, & la multiplication des fleurs en vne :
comme aussi se font les varietez des couleurs aux fleurs, dont nous parlerons plus amplement traictant leur sujet.

Il y a plus, car si vous prenez deux serments de deux seps diuers, quand
ils sont prochains, & que vous en fendez les boutons par moitié, & que
vous les ioignez ensemble, tous deux ne font qu'vn iet, qui portant
fruict, le fait de deux couleurs differentes de la nature de leurs souches ;
voire en entant en écusson, si vous ioignez deux moitiez de boutons,
& n'en faites qu'vn, il ne laissera de prendre & pousser vn seul iet, lequel
fait vn mesme effect, portant du fruict de deux couleurs, ou de deux
gousts diuers ; c'est comme nous auons dit parlant des entes, que mettant deux boutons l'vn sur l'autre, les fruicts viennent enuelopez l'vn
dans l'autre : mais en faisant telles conionctions, il est besoin d'auoir
égard que les sujets y soient propres, & que la nature des adioints conuienne en la production du fruict en mesme saison, afin qu'ensemble ils
trauaillent, & ne s'empeschent l'vn l'autre.

Or si nous considerons ces choses, & que nous les employons à propos auec soin & diligence, nous aurons plaisir de voir la nature mesme
nous obeïr, suiure le chemin que nous luy preparons, & nous donner ce
que nous desirons d'elle, quand le temps en sera venu.

CHAPITRE VIII.

Des maladies & inconueniens qui arriuent aux arbres.

ENTRE les maladies qui arriuent aux arbres, celles qui prouiennent du fond de la terre sont les plus dangereuses, comme les plus difficiles à guerir : Pour ce sur toutes choses, & auant toutes choses, il faut se pouruoir d'vn terroir qui n'aye le fond vicieux, & auquel les arbres prennent plaisir : car les defauts qui se trouueront en la surface pourront estre amendez, mais ceux du fonds ne le peuent estre entierement. Les plus ordinaires inconueniens du fonds, viennent du tuf, de l'argile, ou de l'eau trop proche de la surface de la terre, qui ont les vices que nous auons dit : les deux premiers peuuent estre aucunement amandez, cauant vn fossé large & profond, suiuant la ligne où vous voulez planter vos arbres, la laissant longuement ouuerte, afin que la mauuaise substance s'exhale, & le fond s'amende par les pluyes, gelées, & chaleurs des saisons : La terre qui en sera tirée sera aussi amendée par les mesmes aydes : & le re nuement qu'elle aura receu la rendra plus penetrable aux racines, ainsi que nous auons dit au transplanter : vous pourrez encor l'amender y meslant de meilleure terre, ou fiens bien pourry : par ce moyen l'arbre s'accommodera à cette terre, & ne trouuera celle qui n'auoit esté remuée si contraire quand les racines l'auront atteinte, si elle n'estoit du tout de trop mauuaise substance. Auquel cas il faudroit plantant les arbres, poser la racine sur la surface de la terre, & laissant douze ou quinze pieds de chacun costé de l'allignement, prendre le reste de la surface entre deux, & en couurir la racine, & tout cet espace qu'aurez proietté pour leur estenduë à l'aduenir. Quand l'eau se trouuera trop proche, cette façon de proceder y conuiendra aussi, car par ce moyen vous rehausserez la terre, & les racines se trouueront d'époisseur suffisante pour leur fournir nourriture, & s'étendront plustost en elle, que d'approfondir vn mauuais fonds. Et bien que vostre champ se trouue inégal, il ne restera d'auoir grace & bien seeance, si les lignes estans tirées droites, vous mettez des bordures ou hayes d'appuy, qui cacheront la difformité, quand la necessité des lieux vous contraindra.

Quand vn arbre venu en mauuais fond, monstrera par ses branches & mauuais iet, ou par la mousse & roingne de l'écorce, que la bonne substance luy defaut, si c'est vn arbre excellent que vous vueillez conseruer, vous couperez ses branches, & ferez vn fossé à l'enuiron de son pied, aussi large & profond que s'estendront ses racines, qui est peu moins que ses branches, sans toutesfois ébranler son pied : encor que coupiez

ces

ces racines, & au lieu de la terre qu'en tirerez remplirez le lieu d'vne
amelioration qui conuienne à la nature du fruiĉt qu'il doit porter. Le
fang des animaux, & les ergots de moutons & brebis font excellens , &
tres-propres à cela. Ce remede amende, non feulement l'arbre, mais auſſi
le fruiĉt, ainſi que nous auons dit cy-deuant. Les maladies qui viennent aux arbres par la trop grande chaleur & fechereſſe, doiuent eſtre
amédées par arrofemens abondans, abreuuans toute la terre iuſques aux
extremitez des racines, deuant que l'alteration foit trop grande, ainſi
qu'il fera dit au Chapitre des arrofemens. Celles qui font cauſées de
l'air, & des vents, doiuent eſtre preueuës de longue main , mettant des
contregardes du coſté que viennent les plus dangereux, & à peine peut-
on éuiter l'inconuenient, qu'eux & les mauuaifes exhalaiſons, broüées,
grefles & pluyes chaudes, apportent aux arbres & fruiĉts , quelques re-
ferrez & enfermez qu'ils foient entre des murailles, bois, ou hayes, car
ne pouuant viure fans air, il faut fouffrir les inconuenients qu'il apporte , fpecialement quand ils viennent inopinément. La vapeur du
fien chaud, eſtant du coſté du vent, diſſipe partie du mal, & apporte
grande temperie à l'air referré foubs les couuerts, efqueis on retire les
arbres en Hyuer.

Quand donc pour tels inconueniens, ou autres, l'arbre deuiendra malade, le moins de branches qu'on luy peut laiſſer eſt le meilleur , afin qu'il
aye moins d'affaire, & que l'humeur qu'il fuccera eſtant abondant, gue-
riſſe à tout le moins le corps : dauantage quand l'arbre eſt malade, il ne
peut trauailler fi aĉtiuement que de couſtume, foit en fuççant, ou portant la nourriture iufques aux extremitez, deforte que les branches patiſſent, le bois s'endurciſt, l'écorce s'altere, & quand bien la maladie gue-
riroit, les parties intereſſées, & qui ont pâty, s'en fentent touſiours, ou
longuement. Le meilleur expedient donc fera d'oſter les branches, à
tout le moins celles qui auront fouffert, le corps de l'arbre s'en fortifiera,
iettera du bois fain , & plus vigoureux : voire l'arbre n'ayant autre maladie que la vieilleſſe, qui a rabougry fes menues branches, à faute que
la fubſtance ne peut plus faire vn fi long chemin , & monter iufques aux
extremitez, l'arbre fe renouuellera de force, & la fubſtance n'ayant tant
de chemin à faire, fera les branches belles & gaillardes, fi vous coupez les
vicilles. Mais fur tout fourniſſez nourriture à l'arbre par le labourage,
& augmentation de fubſtance que vous donnerez à la terre, non feulement prés fon pied, mais auſſi bien loin, & plus que ne s'étendent fes racines, car c'eſt des extremitez d'icelles qu'il tire nourriture.

Diuers animaux cauſent de grandes maladies aux arbres, mangeant
leur nouueau iet, & leurs tendres feüilles, & infeĉtant par leur frequentation, le vieux bois & l'écorce : entre lefquels font les chenilles tres-
fafcheufes, qui engendrées de l'infeĉtion de l'air, ou de la graine que ces
mefchans animaux (s'eſtans changez en papillons) laiſſent d'année à
l'autre, croiſſent en fi grande multitude, qu'ils deuorent la beauté de tou-

H

te vne Prouince, & ne laiſſent rien de verd aux arbres qu'ils ayment ; de
ſorte qu'ils s'en trouue quelquefois qui meurent de cette infection.

Le Iardinier ſera donc ſoigneux de rechercher curieuſement cette
dangereuſe graine, afin qu'il n'en demeure, ny en ſon Iardin, ny és enuirons, coupant les hayes où il y en aura quantité, & les branches des arbres où elles ſeroient attachées deuant qu'elles ſoient preſtes d'éclorre, &
les faut bruſler entierement. Quand à celles qui ſont engendrées par l'infection de l'air, il faut apporter toute diligence de les tuer, les prenant
quand elles ſont amoncelées le ſoir & le matin, & vſer des choſes qui
leur ſont contraires. Le ſegle verd les chaſſe quand l'arbre en eſt lié : ainſi
fait le ſureau, & l'hieble, les épanchant parmy les branches des arbres ;
ſi vous arroſez les branches & feüilles des arbres auec eau, en laquelle
ſoit infus du ſalpeſtre, vous ferez mourir les chenilles, & tel arroſement
ſe fait facilement auec ſeringue, ou pompe portatiue, dans vn ſeau ou
cuuier, ou auec la pelle concaue : l'eau dans laquelle aura trempé de la
Ruë concaſſée, & ſon iuſt y eſt auſſi propre.

Les Hanetons ſont des vers qui s'engendrent en terre, de laquelle ils ne
ſortent que la troiſieſme année, ayant pris cette forme de barbos vo-
lans, que nous voyons en ſi grand nombre au Printemps, en leur année ;
ils mangent les nouuelles feüilles & tendre iet, ſi le ſoigneux Iardinier
ſecoüant les arbres, & les faiſant tomber à terre ne les tuë, attendant que
la premiere forte pluye luy faſſe raiſon de cette vermine, qui ne la peut
endurer ſans mourir. Les Cantarides n'incommodent pas moins les arbres, rongeant le nouueau iet, & de plus donnant vne puanteur faſcheuſe, & infection corroſiue : elles ayment ſur tous arbres le Freſne &
le Troiſne, qui ordinairement s'en trouuent incommodez, ſi auec diligence on ne les tuë, comme les Hanetons. Les roſiers plantez parmy les
hayes empeſchent cette vermine des'y loger. Mais l'eau boüillie auec la
Sauge, ou la Ruë les tuë, ſi vous en arroſez les arbres & palliſſades. Les
fourmis ne mangent auec ſi grand degaſt, mais leur frequentation nuit
grandement aux arbres, & les infecte, engendrant vn excrément ſur le
nouueau iet, qui offuſque & gaſte : le ſon de ſcieure de bois, épandu au
pied de l'arbre où ils frequentent, les empeſchent d'approcher quand ils
le ſentent mouuoir ſous eux : comme auſſi vne forte ligne tirée auec du
charbon de bois tendre les empeſche de grauir à mont, dautant qu'ils
n'ont la priſe aſſeurée ſur icelle : mais vn vaiſſeau fait de cire autour du
corps de l'arbre eſtant remply d'eau, les empeſche de monter, comme
fait auſſi vn cercle de glu fait à l'entour de la tige de l'arbre.

Le ver qui s'engendre entre l'écorce & le bois de l'arbre, & le perce,
ſuççant la ſéue, eſt dangereux, les Poiriers de bon Chreſtien en ſont ſur
tous autres endommagez, & c'eſt pourquoy on a nommé ce ver Turc,
parce qu'il eſt leur ennemy : il doit eſtre recognu par l'excrément qu'il
rend, qui tombe au pied de l'arbre, de couleur tannée, reſſemblant la
ſcieure de bois, il faut chercher ſoigneuſement ſon trou qui eſt petit,

découurant la surface de l'écorce, & tirant ce ver qui tueroit l'arbre, empeschant la voye de la nourriture. Contre l'aduis & commun de plusieurs Anciens & Modernes, qui tiennent & disent la substance & nourriture de l'arbre monter par la moüelle; que si cela estoit, l'arbre ne mourroit pas par le ver qui n'entre pas dans le bois demeurant entre le bois & l'écorce, où il succe la substance. Nous voyons des arbres, les Saules entre autres, perdre leur moüelle, & ne laisser pas de viure, & faire non moindre production que s'il l'auoit, d'où appert que la séue monte entre le bois & l'écorce; que si ce qu'on appelle moüelle aux arbres deuoit porter le nom de quelqu'vne des parties du corps animal, celuy de poulmon luy conuiendroit mieux, attendu qu'estant formée d'vne matiere poreuse & acrée, elle aspire au dedans la substance de laquelle le corps est nourry, & augmente d'année en année, se formant entre le bois & l'écorce vn nouueau bois plus tendre, que nous appellons aubour, qui n'a encore atteint la dureté & solidité du precedent; de maniere que nous trouuons l'interieur, que nous disons le cœur de l'arbre, le plus ferme & solide, s'il n'a par maladie, ou autre inconuenient, esté pourry, ou gasté, qui est souuent par où arriue la perte & ruine de l'arbre. Les arraignées auec leurs toilles, infectent & empeschent le nouueau iet, quand vne forte pluye qui les dissipe tarde à venir; c'est pourquoy il faut auoir soin de les oster des arbres que voudrez conseruer.

CHAPITRE IX.

De tailler, tondre, & ébrancher les arbres.

PLVSIEVRS arbres & arbrisseaux ont besoin d'estre taillez, leur racourcissant les branches, & ne leur laissant que peu de nœuds, par lesquels ils iettent plus vigoureusement qu'ils ne feroient les laissans entiers: quelques arbres fruictiers ont besoin de cette façon, specialement ceux qui portent leur fruict dans le iet nouueau; comme la vigne; leur fruict s'en fait plus beau, mieux noury, ayant moins de terrestre, à cause que la substance & nourriture que l'arbre prend, est moins de temps nourrie, & digerée auec la dureté du bois, n'ayant si long chemin à faire, & n'ayant tant de branches à nourrir, en fait la production nouuelle plus fournie. Il y en a aussi que pour nostre plaisir nous voulons tondre, & faire prendre autre forme que la naturelle; d'autres estans malades ont besoin d'estre soulagez, leur ostans toutes, ou partie des branches, afin qu'ayans moins à nourrir, ils employent la substance qu'ils succeront, & se remettre en vigueur, car c'est leur baume: voire d'autres n'ayant autre maladie que

H ij

la vieilleſſe, ou bien voulant nous ſeruir de leurs branches, nous les re-
nouuellons en leur coupant la teſte. Toutes ces choſes doiuent eſtre
faites en ſaiſons temperées, aux equinoxes, au commencement du Printemps & de l'Automne; ceux que l'on ébranchera au Printemps porteront plus de fruict, & ceux de l'Automne pouſſeront plus de bois.
Mais ſelon que nous deſirons que les arbres deuiennent grands, ou rete-
nus, il ſera beſoin auſſi de prendre garde à l'eſtat auquel ſera la Lune; car
coupant à la fin de la Lune, l'arbre qui eſt vuide, & en appetit, attirera
nourriture dés le commencement de la nouuelle, comme s'il auoit toutes ſes branches à fournir, de laquelle abondance il en renforcera, & groſ-
ſira, & quand la ſaiſon ſera venuë, eſtant puiſſant & bien fourny, pouſſera vn long & gros iet. Au contraire ſi vous coupez en la pleine Lune,
l'arbre ayant employé aux branches ce qu'il auoit attiré de ſubſtance durant la croiſſance de la Lune, le peu qui reſtoit en ſa tige, ou tronc, s'é-
coulera encor en partie par les playes que luy ferez, l'écorce ſe reſtreindra
& s'endurcira par l'alteration, & ſeichereſſe, n'eſtant humectée, & ſou-
leuée par abondance de ſubſtance au dedans, durant le temps qu'il ſera
ſans ſuccer, la Lune décroiſſant; de ſorte qu'au prochain renouueau il
ne ſera ſi ſain, ny en ſi bon appetit, ne ſi capable de receuoir nourriture, outre le temps qu'il aura perdu: & quand la ſaiſon de pouſſer ſera venuë, il aura moins de force, ſera moins approuiſionné, qui ſera que ſon
iet ſera plus petit, & plus endurcy; c'eſt la raiſon pourquoy les tondures
des palliſſades, & bordures, que l'on veut époiſſir & reſtreindre, doiuent
eſtre faites en la pleine Lune, & apres que le iet eſt commencé de faire,
& ſi le Printemps eſt auancé, ou qu'on ſoit en l'Eſté, il les faudra faire en
ces iours temperez d'humidité apres la pluye, de crainte que la chaleur
exceſſiue n'enuahiſſe la plante, dépourueu de l'ombrage que luy don-
noient ſes branches & feüilles.

Pour les petites bordures du menu plan, leur prompte croiſſance
monſtre le beſoin qu'elles ont d'eſtre tonduës ſouuent, qui fait auſſi que
ce doit eſtre en pleine Lune, pour les retenir plus courtes, & preſſées: &
ne doit-on auoir pour elle moins d'égard à la temperature de l'air, dautant qu'eſtans foibles, & leurs racines courtes, elles ont plus à craindre
la trop grande chaleur, ſi elles ne ſont ſecouruës de la pluye: pour les conſeruer auſſi en longue durée, il faut ſe garder de les laiſſer croiſtre, & donner temps de produire leurs graines, qui eſt leur dernier but, lequel la
plus part d'elles ayant atteint, elles meurent.

CHAPITRE X.

Des arrosements.

A terre estant seiche de sa nature a besoin d'arrosement, & plus encor quand le Soleil la regardant de
prés l'échauffe outre mesure: le meilleur arrosement
qu'elle reçoit, est celuy de la pluye, qui tombe ad-
mirablement pour tel effet, & d'vne façon inimita-
ble, & par vne si douce cheute, que la terre s'en sent
plustost sousleuée, qu'affaissée de la pesanteur, s'en
abreuuant peu à peu, quand les vents & les orages
ne forcent point la pluye, & ne la chassent point trop violemment. Affais-
sant la terre, & la détrempant plus qu'il n'est de besoin, elles émeuuent
de sa place celle qui est plus parée à la production, détournent & empeschent ses commencements, & quelque fois les choses bien aduancées
sont détruites par tels bouleuersements, les plantes arrachées, & la terre
mesme emportée par les rauines coulants dans les fonds. La neige aussi
tombant n'affaisse point la terre, pour époisse qu'elle soit, & sert d'vn excellent arrosement: venant à se fondre peu à peu, elle l'abreuue & engraisse, & quand par son époisseur elle la couure longuement, elle oste
le moyen aux oyseaux, & autres animaux de manger les semences, &
de paistre son beau verd, qui est conserué par telle couuerture, mesme
contre le froid excessif. L'eau des riuieres, & ruisseaux, venant quelque
fois à déborder, couure les prez, & terres voisines, & les arrose, mais diuersement : car selon la diuersité des eaux & des terres, elle y fait du
bien ou dommage, y laissant, ou ostant, d'autre bonne ou mauuaise ter-
te : selon aussi la qualité des plantes mesmes, qui tantost en sont heureusement abreuuées, & tantost noyées & étouffées.

Mais l'arrosement artificiel se fera à temps, & à propos, par l'intelligence du Iardinier, qui connoistra le besoin, selon la nature des terres,
& des plantes: il sera fait commodément, si vous auez les eaux naturelles,
ou par artifice, plus hautes que les lieux que voudrez arroser, les laissant
couler doucement, & en telle quantité qu'il en sera besoin, par les canaux
de telles matieres que vous aurez, de bois, plomb, ou tuille, ou par les
mesmes terres, y faisant des rayons, qui donnant l'eau par les sentiers
des planches, & le long des bordures, abreuuera la terre par dessous,
rafraichissant les racines, sans décharner les plantes de leur terre, ainsi
qu'il se fait quand l'eau y est versée à coup par dessus auec l'arrosoir, qui
ne peut estre percé si menu, que l'eau trop abondante n'affaisse la terre
en tombant, ny dissoude l'humeur apprestée à la production, & ne l'em-
mene plus profond en terre, lauant la surface. Il vaudroit mieux n'arroser point, que d'arroser peu ; car la terre en deuient plus alterée, s'estant

H iij

attenduë à tel fecours, lequel on luy a fait feulement goufter : il faut auffi
arrofer au lieu où font les racines fuccantes, car fe font-c'les qui en tirent
plus de profit, & de qui la plante le reçoit. Aucuns arrofent en plain
midy quand l'alteration eft plus grande, & quand la chaleur qui eft en
la terre attiedift la froideur de l'eau, & ne font fans raifon pour aucunes
plantes; mais ces mutations promptes, d'vne extremité à l'autre, font
contraires à nature, qui ayme le temperament : & afin de n'vfer des chofes en vn eftat fi contraire, il vaut mieux arrofer le foir conformément à la
fraifcheur de la nuiĉt, ou durant la nuiĉt mefme apres auoir fait échauffer
l'eau à l'air, & au Soleil tout le long du iour : par ce moyen l'eau fera temperée, la terre abreuuée à l'aife, les plantes l'attireront moins auide-
ment, & toutesfois auec plus de vigueur en la fraifcheur de la nuiĉt, le
matin auffi y feroit propre, à caufe de la mefme fraifcheur de la nuiĉt, fi
ce n'eft que l'eau fe rendant plus froide par icelle, n'eft fi propre pour l'accroiffement des plantes, la froideur de laquelle retarde l'effeĉt de la terre,
qui doit eftre aydée, non moins de chaleur que d'humidité. Or s'y infufant en cette eau fubftance propre à augmenter la vertu produifante
de la terre, ou autres bonnes qualitez de goufts, odeurs, ou couleurs, defquelles vous defirerez que les plantes ou leurs fruiĉts fe reffentent, il n'y
a doute que cette pratique ne reüffiffe auec autant de plaifir & vtilité, comme elle eft facile & commode.

　　Il arriue fouuent inconuenient de l'arrofement qu'on donne aux femences & nouueaux plans durant les feichereffes d'Efté, par les animaux,
qui font en terre, Taupes, Mulots, & autres, qui ne font moins alterez que les plantes, car fentans l'humidité, la viennent chercher de
loin, & s'affemblent en nombre à cette fraifcheur, mangent les graines en faueur defquelles auoit efté fait l'arrofement, & foüillans la terre & la foufleuant, déracinent les plantes qui font feichées par la chaleur qui penetre plus facilement apres. C'eft pourquoy ie dis encor,
qu'il vaut mieux n'arrofer point, qu'arrofer peu, & qu'heureux font les
Iardins plus bas fcituez que les eaux, dont ils peuuent eftre arrofez en
abondance : à heure & à temps les autres iardins ne laifferont pourtant d'eftre arrofez bien à point auec l'arrofoir commun, ou auec fe-
ringue, ou auec la pompe portatiue dans vn feau, ou cuuier, faifant
que le ialliffement fe faffe par quantité de trous menus percez; cette
façon d'arrofer eft propre pour lauer les branches & feüilles des arbres
chargez de pouffiere, ou quand ils font mangez de chenilles, & autres
vermines, en infufant dans l'eau les remedes pour les exterminer.

CHAPITRE XI.

Pour faire des bois.

N fait ordinairement des bois en trois manieres; la premiere est quand vous auez estenduë de terre en friche dans laquelle il vient naturellement & sans artifice du bois de quelque espece, à quoy la terre prend plaisir : car la terre produit de sa nature, & ne demeure point sans rien faire, si elle est tant soit peu fertile ; il faut renfermer cette terre, & empescher qu'elle ne soit frequentée, que les animaux ne la foulent, broutent & gastent, y faisant à l'enuiron vn bon & profond fossé auec'hayes, ou autres defenses, & en peu d'années vous trouuerez commencement de bois, specialement si c'est chesne qui naturellement y vienne, ainsi que souuent il s'en trouue de cette nature proche des forests, mesmes apres qu'vne haute fustaye aura esté abbatuë, la terre produira, ou d'elle mesme, quand elle aura pris grand & plein air, ou de quelques vieilles racines des arbres coupez, si la place est conseruée & gardée, & par ce moyen se fait des bois nouueaux, qui auec le temps deuiendront de bon reuenu en tailles, parmy lesquelles tailles on choisist des arbres de pied qu'on reserue en bailliueaux, qui aussi refont vne forest & haute fustaye ; cette voye est longue, mais sans peine ny fraiz, que de la garde & closture qui est necessaire. Vne autre façon de faire des bois est en semant Glan, Chastaignes, Fayne, semence de Charme, Erable, Orme, Fresne, Tilleux, & autres, à quoy la terre monstre prendre plaisir : quelquefois il se trouue des terres qui n'estans pas bien fertiles en grains ne laissent de produire de beaux bois, par la semence qui leur est donnée. Donc si vous auez vne terre que vouliez mettre en bois, faites la bien fumer & labourer de toutes ses façons, comme si la vouliez semer en bled, puis choisissez la semence des especes que vous verrez que la terre ayme par la production naturelle qu'elle fait en ce lieu, ou és enuirons en semblable terroir ; les meilleurs bois sont les Chesnes, & entre iceux le Chesne blanc, car il vient plustost que les autres Chesnes, plus haut, plus droit, & meilleur en charpenterie & menuiserie ; le Chastaigner n'est pas moindre en toutes ces qualitez, outre que son fruict vaut mieux qu'à nourrir les pourceaux, mesme le bois estant mis en tailles, ses rejettons de trois ou quatre ans sont grandement vtiles à faire cerseaux pour les tonneaux, & seruent bien aux iardins employez en bois mort pour cabinets & hayes façonnées, le Fau ou Haistre fait vn bois & forest des plus belles, vient bien & proprement de semence ; mais son bois n'est propre, ny à charpenterie, ny qu'à peu de menuiserie, n'ayant la force ny la

H iiij

durée & beauté des deſſus-nommez, ſe deiettant en beſogne, quelque
ſec qu'il puiſſe eſtre, & neantmoins on l'employe en diuerſes choſes ; le
Tilleu eſt plus propre à couurir les allées des iardins, eſtant ſon bois blanc
& foible ; le Charme auſſi eſt plus propre pour taillis, que pour haute
fuſtaye, & eſt beau en palliſſades dans les iardins ; & ainſi l'Erable qui
prend bien au tranſplanter, & vient à l'ombre & en grand air, le Freſne
monte vne belle tige, droite & vnie, ſon bois eſt fort, & ſert en paix &
en guerre aux Charrons & Artilles pour les bonnes picques & aſtes, il
engendre les mouches cantarides tres-faſcheuſes dans les iardins. Quant
à l'Orme il vient diligemment, & en toute ſorte de terroirs, & de toutes
façons : ſon bois eſt fort, plus propre à l'ouurage des Charrons que des
Menuiſiers, mais les bois ne ſont beaux & hauts, & les allées des iardins
tres bien couuertes ; l'Aune, & les Saules, & les Peupliers ſont propres aux
lieux aquatiques. Ainſi choiſiſſant les eſpeces de bois propres à vos terres, vous les ſemerez incontinent qu'aurez recueilly la graine deuant
qu'elle s'échauffe demeurant amoncelée, ou par trop deſſeichée : ſi vous
auiez peu de terre à ſemer, vous pourriez laiſſer paſſer l'Hyuer auant ſemer pour crainte d'vne grande gelée, comme il en arriue quelque fois :
& pour conſeruer vos ſemences, ſpecialement les Glands & Chaſtai-
gnes, il faut les mettre dans des paniers & manequins, & auec du ſable
lit ſur lit, pour les garder en lieu temperé, & les porter facilement au lieu
où voulez ſemer ſans rompre le germe qui commence à ſortir, les po-
ſant en terre vn à vn auec la main, cela les garentit des Taupes & Mulots,
& des Corneilles, qui les mangent l'hyuer, & ne ſemez que les bons ſeulement qui viennent & ſortent de terre incontinent qu'ils ont ſenty le
Printemps ; mais ſi c'eſt vn grand champ, ſemez & recouurez auec la
charuë, comme on fait les féues & pois. Le plan commençant de paroiſtre le faut entretenir de ſarclure, & arracher les herbes, afin qu'elles ne
le ſuffoquent, & mangent la nourriture ; & ainſi en peu d'années aurez
vn beau bois, & peut eſtre trop épois, duquel vous pourrez tirer du plan
pour tranſplanter ailleurs ; voire longues années vous aurez iournellement à prendre grandes commoditez de ces ieunes arbres, oſtant les vns
pour faire place aux autres. Si le ieune bois eſt ſemé de Gland ſeulement,
il le faudra couper la troiſieſme année de ſa croiſſance tout contre terre,
auec vn tranchant bien affilé, prenant garde de n'ébranler ou efforcer
les racines, & cela en vieille Lune, en beau temps, & luy faudra donner
vn bon labour, le rejet qu'il fera au Printemps viendra haut & droit, &
formera ſuiuant ce commencement vne droite & belle tige, la proximité du plan ſeruant à conduire droit & haut le nouueau jet.

    L'autre façon de faire bois & taillis, eſt en le plantant de ieune plan
en l'Automne, ou au Printemps, ſelon la nature du terroir, le ſec voulant eſtre planté en l'Automne, & l'humide au Printemps ; prenez donc
des plans ſuſ-nommez, ceux que trouuerez plus propres à voſtre terre,
qui ſoit frais arraché, & bien enraciné, & les plantez par petites rigoles

de trois pieds de diftance l'vne de l'autre, & les coupez à demy pied hors
de terre, fi le plan eft tant foit peu fort, ayant foin de le faire labourer au
Printemps & à l'Automne, les trois ou quatre premieres années, & iufques à ce que l'ombre de voftre plan fuffoque les herbes qui croiffent
deffous: il ne faut grand labourage la premiere année, & fuffira de fer-
foüetter & arracher les herbes qui fuffoqueroient le plan, & mangeroient
fa nourriture; mais il faut bien labourer les années fuiuantes, afin de bail-
ler facilité aux racines de s'allonger, & receuoir le temperament neceffaire à la production par le moyen des pluyes & du Soleil, le chaud &
l'humide n'eftans moins neceffaires l'vn que l'autre : & fi vous auez l'arrofement facile, ne l'épargnez pas au plan fait au Printemps, il en aura
plus de befoin encore que celuy de l'Automne, mais tous deux s'en
porteront mieux, fi les arrofez durant le hafle de Mars, qui eft le commencement de la reprife du plan de l'vne & de l'autre faifon, & le temps
qu'ils ont plus de befoin de fecours.

   Outre ce que deffus il fe fait de petits bofquets qui feruent de grand
embelliffement aux Iardins, qui font compofez d'allées, fales, & cabinets en lignes droites & courbes, & fe peuuent planter en deux façons,
fçauoir d'arbres de marque d'efpace en efpace, pour faire les allées couuertes, garnis d'vne palliffade au pied, ou plantes de palliffades feules
fans arbres, pour auoir fes allées découuertes, felon la fantaifie de celuy
qui les fait faire, y en ayant qui ayment les allées couuertes, d'autres les
découuertes : la place eftant choifie dans voftre Parc, ou Iardin, fi c'eft
proche de la maifon & parterre, vous prendrez les allignements d'iceluy, continuez auec les autres allées & promenoirs, qui accompagnent
la maifon que nous prefupofons auoir efté prife conuenante à icelles,
à fçauoir paralleles, & à angles droits fur le principal corps de logis, ainfi
qu'il conuient; plus felon l'étenduë & figure de voftre place, ferez vn
plan mefuré par toifes, fur lequel feront tracées vos falles, cabinets, &
allées, de forme & largeur conuenante, & bien ordonnées, fuiuant la
grandeur de voftre bofquet, faifant les allées découuertes plus larges
que les couuertes. Voftre deffein eftant fait, & bien arrefté, le faudra
tracer fur terre, & fuiuant la trace faire ouurir les rigoles ou foffez, que
ferez de trois pieds d'ouuerture, & deux de profond, long-temps deuant que de planter, afin de rendre la terre plus amiable au plan, luy donnant moyen de fe meurir, & d'euaporer les mauuaifes conditions qui
fe rencontrent d'ordinaire au fecond lit d'icelle, n'oubliant de mettre
la bonne terre de deffus d'vn cofté, & celle du fonds de l'autre, afin d'a-
uoir moyen en plantant de mettre la bonne deffous, & à l'entour des racines de voftre plan, & l'autre deffus, où elle aura tout loifir de fe meurir, vous planterez au milieu de voftre rigole, ou foffé, & laifferez peu
de tige au plan hors de terre, il en pouffera de plus grande vigueur, ne
laiffant aux arbres de marque plus de fix pieds hors de terre, & aux

palliſſades demy pied, prenant garde de ne le mettre trop auant en terre, car vn pouce ſuffit plus que le plan n'auoit deuant qu'eſtre arraché,
ayant en cecy neantmoins égard à la nature de la terre, la plus legere
eſtant la plus facile à deſſeicher, il faut dauantage couurir le plan de
terre, ou de paille & fougere, pour le conſeruer du haſle & chaleurs de
l'Eſté, qui deſſeicheroit les racines du plan. Nous choiſirons pour couurir nos allées, l'Orme, le Tilleu, ou le Heſtre, & pour les palliſſades, le
Charme, le Heſtre, l'Erable, & l'Eſpine blanche, eſtans de tous les plans
qui quittent leurs feüilles les plus propres pour cela.

Mais ils ſe peuuent planter parfaitement beaux des arbres qui gar-
dent leurs feüilles l'Hyuer, & qui reſiſtant aux rigueurs des gelées, nous
font ioüir de leur perpetuelle verdeur, au plus fort d'icelles, à quoy
peuuent eſtre employez en ce climat pour les arbres de marque, les
Cheſnes verts, les Lieges, les Pins, Sapins, Pinaſtres, Cedres, Cyprez,
Lauriers, Arbouſiers, Laurier-rege; & pour les palliſſades, ou bordures, le Boüis, le Sauinier, le Geniéure, le Hou, toutes les eſpeces de Phi-
leres, & Alaternus, le Pirachanta, Seſelly Ethiopic, & le Romarin; les
climats plus chauds ſe peuuent ſeruir, outre ceux-cy, de toutes les eſpeces d'Orangers & Citronniers, de tous les Mirthes, Laurier, Tin, Ro-
dodaphne, Lentiſques, vrais Sicomores, Oliuiers, Palmiers, Caſſiers,
Sebeſtes, Mirabolants, & pluſieurs autres. Faut prendre garde, ſpecialement aux plants touſiours verds, de ne les meſler en vos palliſſades, les vns parmy les autres, mais vous planterez tout vn allignement,
de Boüis, de Hou, Geniéure, & ainſi des autres eſpeces, faiſant les plus
longs traits de ceux qu'aurez plus à commodité, & les cabinets, & autres plus petits allignements de ceux qui ſont plus rares; cette diuerſité
bien ordonnée donnera grace à la beſogne, & plaiſir à la veuë par la diuerſité des verds qui feront les palliſſades, plantées chacune de diffe-
rents plans: les deſſeins qu'en baillons icy, & qu'auons fait planter à
Verſaille, & ailleurs, pourront eſtre ſuiuis, ou au moins en pourra-on
tirer ce qui ſe pourra trouuer bon, & en faire de differentes inuentions,
ſuiuant les formes & figures des places, chacun s'en pouuant accommoder ſuiuant icelles, faiſant les allées plus ou moins larges; les plus
larges ſuffiront de deux toiſes, & les moindres de neuf à dix pieds. De
cette maniere de planter ieune plan, ſe peuuent faire les grandes allées,
aduenues, & promenoirs, tant celles que voudrez planter d'arbres
pour les faire couuertes, que les autres où ne voudrez que palliſſades,
ou hauts Eſpalliers aux coſtez, leſquels ne faudra laiſſer monter qu'à meſure que le bas ſera bien fourny, car c'eſt par le pied qu'il doit commencer à eſtre bien formé, le laiſſant monter par années ſelon qu'il
époiſſit, & ſi par negligence il auoit monté, laiſſant le bas dégarny, il
le faut rogner plus bas, afin qu'il s'épaiſſiſſe, la beauté de ces palliſſades
eſtant d'auoir le bas & les coſtez bien garnis ; quant à l'époiſſeur de la
palliſſade deux pieds ſuffiront, la forte tige du plan demeurant au mi-

lieu, & fe trouuera bien garnie, fi dés le commencement elle eft bien
entretenuë de tondure, tant par haut que par les coftez, les arbres de
marque, Ormes ou Tilleux, deftinez pour couurir les allées qu'on veut
faire couuertes, doiuent eftre plantez à neuf pieds l'vn de l'autre, ou de
douze au plus, l'entre-deux defquels doiuent eftre plantez de menu plan
pour former la bordure ou palliffade, la laiffant croiftre d'an en an, iufques à ce qu'elle aye atteint la hauteur de quatre ou cinq pieds, où il les
faudra arrefter: vos allées feront plus belles, que fi la laifliez monter plus
haut, vous oftant & accourciffant trop la veuë. Les rigoles ou foffez
fe doiuent faire plus larges & profondes en mauuaife terre, qu'en la
bonne, & aux arbres gros qu'aux petits, & ne le feront trop quand les
ferez de fix pieds de large, & trois de profond, les plus larges eftans
toufiours les meilleurs. Pour tout ce qui eft à confiderer pour la beauté
du temps, & eftat de la Lune, nous en auons parlé au Chapitre quatrief-
me du fecond Liure, au tranfplanter des arbres, ne nous reftant plus icy
que d'aduertir ceux qui voudront auoir bien toft plaifir de leurs plants
& bofquets, de ne leur épargner ny les labours, ny les arrofements en
la faifon.

DV IARDINAGE,

LIVRE TROISIESME.

DE LA DISPOSITION ET ORDONNANCE DES Iardins, & des choses qui seruent à leur embellissement.

AVANT-PROPOS.

RESTE maintenant d'ordonner les Iardins, pour employer dedans les choses dont nous auons par-lé : & pour ce il est besoin que nous disions ce qui nous semble de l'assiette & disposition d'iceux, quels embellissemens y sont agreables ; voire que nous en dressions des plants & eleuations qui puissent ayder à éclaircir nostre discours : lesquels aussi pourront estre suiuis, ou desquels on pourra tirer ce qui sera trouué bon, chacuns'accommodant à sa portée, & à la place qu'il aura. Non que nous pretendions mettre icy tout ce qui appartient à l'ornement des Iardins, car il est infiny ; mais en ce peu on iugera des autres beautez conuenantes à ce sujet, lesquelles on pourra rechercher des Architectes, & autres gens sçauants en pourtraiture, & bons Geometres, si le Iardinier n'auoit fait ses premiers apprentissages en telles sciences, qui luy sont non moins necessaires pour la construction du Iardin, que l'intelligence de la nature des terres & des plantes, dautant que c'est le seul chemin pour paruenir à la connoissance des beautez qui y sont requises : Par la pourtraiture nous apprenons les proportions des corps diuers qui peuuent y estre employez, nous reconnoissons par le dessein, si l'ordonnance a grace, si les parties ont conuenance l'vne à l'autre, & iugeons de la besogne auant qu'elle soit faite, afin que mettant la main à l'œuure nous trauaillions seurement, reduisant en grand les mesmes choses qu'auions desseignées en petit. Que si le Iardinier est ignorant du dessein ; il n'aura aucune inuention ny iugement, pour les ornemens ; S'il les emprunte d'autruy ; comment les tracera-il sur sa terre ?

terre? Et apres qu'ils feront plantez, comment les entretiendra-il de tondure, & autres reparations ordinaires, auec lefquelles la beauté s'augmente de iour à autre? Bref tout ainfi que nos premiers Traictez dépendent de la connoiſſance de la nature, & raiſons de Philofophie, auffi dépend cettuy-cy de la ſcience de Pourtraiture, baſe & fondement de tous
les mechaniques.

Nous conſeillons donc icy le Iardinier de s'inſtruire de bonne heure au deſſein pour ſe former le iugement, & prendre connoiſſance de tant de beautez qui en dépendent, à celle fin que s'il ne peut paruenir iuſques à la capacité d'inuenter luy meſme (qui n'eſt donnée qu'à
peu de gens) il puiſſe à tout le moins faire choix de ce qui luy ſera propre, & ſuiure les ordonnances d'autruy, quand il aura moyen d'en recouurer des plus ſçauans.

CHAPITRE PREMIER.

Que la diuerſité embellis les Iardins.

VIVANT les enſeignemens que Nature nous donne en tant de varietez, nous eſtimons que les Iardins les plus variez feront trouuez les plus beaux:
Ie dis variez premierement en l'aſſiette, puis en la
forme generale, en la difference des corps diuers
qui y feront employez, tant en relief, que parterre,
& en la difference des plantes, & arbres, qui different auſſi entre eux de forme & de couleurs : Tou-
tes lefquelles choſes, ſi belles que les puiſſions choiſir, feront defectueu-
ſes, & moins agreables, ſi elles ne ſont ordonnées & placées auec ſymmetrie, & bonne correſpondance : car Nature l'obſerue auſſi en ſes œuures ſi parfaites, les arbres eſlargiſſent, ou montent en pointes leurs branches de pareille proportion, leurs feüilles ont les coſtez ſemblables, &
les fleurs ordonnées d'vne, ou de pluſieurs pieces, ont ſi bonne conuenance, que nous ne pouuons mieux faire que taſcher d'enſuiure cette
grande maiſtreſſe en cecy, comme aux autres particularitez que nous
auons touchées.

I

CHAPITRE II.

De l'aſſiette des Iardins à l'égard du plan de terre.

IVSQVES icy on s'eſt tellement arreſté à l'aſſiette égalle & vnie, qu'on a dédaigné toutes les autres, meſmes ne la trouuant commodémenr on a mieux aymé ne faire point de Iardin: à la verité elle y eſt belle, bien ſeante & commode, pouuant en icelle vous eſtendre & agrandir en tout voſtre eſpace; outre les promenoirs faciles & de longue eſtenduë, qui ſouuent s'y rencontrent. Ce qui n'eſt pas aux autres aſſiettes montueuſes, ou inégales, eſquelles la nature du lieu vous contraint & arreſte; neantmoins on peut trouuer en celle-cy d'autres plaiſirs & commoditez qui ſont bien à priſer, & qui conuiennent à la nature de quelques plantes, aucunes deſquelles veulent l'ombre, & d'autres vn fort ſoleil, d'autres eſtre appuyées par des murailles, ou auoir leurs racines parmy les pierres d'icelles: commoditez qui ſe trouuent és aſſietes inégales. Il y a encor grãd plaiſir de voir de lieu eſleué les parterres bas, qui paroiſſent plus beaux, car d'en bas ils ne peuuent eſtre ſeulement diſcernez: la diſpoſition & departement de tout le Iardin eſtant veuë de haut, eſt remarquée & reconnuë d'vne ſeule veuë, ne paroiſt qu'vn ſeul parterre, dans lequel ſont diſtinguez tous les ornemens: vous iugez de là la bonne correſpondance qui eſt entre les parties, qui toutes enſemble baillent plus de plaiſir que les parcelles: ce qui ſe trouue defectueux en l'aſſiette égale, en laquelle tous les corps eſleuez vous arreſtent la veuë.

Ceux donc qui ſe trouueront ſi heureuſement ſituez, qu'ils pourront entremeſler l'vne & l'autre aſſiette, auront vn grand auantage; car ils ioüiront de la diuerſité que nous deſirons en eecy, comme aux autres choſes, & des beautez & commoditez qui ſont en l'vne & en l'autre. Mais il ſera beſoin vſer de bonne ſymmetrie, qui eſt difficile à y rencontrer, & de grand couſt à y mettre, quand naturellement elle ne ſe trouue en l'inégale: car les remuemens des terres, ſoit à oſter ou mettre, ſont importans, outre que cauant en terre profond, vous trouuez quelquesfois des difficultez en la nature des lieux mal-aiſez à corriger: comme au contraire quelquesfois auſſi par tel moyen vous vous couurez des dangers & intemperies de l'air, & des vents, vous augmentez au Soleil ſa force, par les moyens que nous auons dit, & par la reuerberation de ſes rayons, qui ſont renuoyez par la hauteur des terreins.

CHAPITRE III.

De la forme des Jardins.

L ES formes carrées font les plus pratiquées aux Iardins, foit du carré parfait, ou de l'oblong, bien qu'en iceux y aye grande difference : Mais en eux fe trouuent les lignes droites, qui rendent les allées longues & belles, & leur donnent vne plaifante perfpeétiue : car fur leur longueur la force de la veuë declinant, rend les chofes plus petites tendantes à vn poinét, qui les fait trouuer plus agreables. Mais ie ne fuis pas d'aduis, que s'arreftant du tout à ces lignes droites, quelque beauté qu'elles ayent, nous n'entremeflions auffi des rondes, & courbes; & parmy les carrées, des obliques ; afin de trouuer la varieté que nature demande, laquelle ont fagement compris les plus fçauans en portraiéture, qui ont toufiours varié leurs ouurages de formes differentes, meflant des rondes auec les carrées, & entrecouppant les lignes qui ennuyent par trop de longueur.

Ie me laffe grandement de voir tous les Iardins partis feulement en lignes droites, les vns mis en quatre carrez, les autres en neuf, les autres en feize, & iamais ne voir autre chofe : Les autres formes parfaites trouueront auffi leur lieu & leurs graces dans les Iardins, fi elles font difpofées felon la nature du lieu, qui fouuent fe trouue contraint par des montaignes, riuieres, ou autres empefchemens, qui faifant des angles pointus ou obtus, fur lefquels feront accommodées les formes parfaites qui auront commencé aux lignes qui contraignent la place. Sans aucune contrainte mefme, il n'y aura danger quelquesfois de changer cette carrée fi commune, en vne des autres, ou l'entremefler felon qu'elles conuiennent. La triangulaire eftant doublée fait l'exagone, l'oétogone procede de la carrée, & la pentagone feule ou accompagnée d'autre, ne refte d'auoir fa perfeétion en iardinage, comme aux autres œuures, où elle eft fouuent employée. Mais ces chofes dépendantes de l'inuenrion & gentilleffe d'efprit du Defignateur, nous laifferons à luy de trouuer grace & beauté en toutes les formes, fuiuant fon caprice ; l'aduertiffant feulement de prendre garde que tous les promenoirs ayent communication de l'vn à l'autre, afin de n'eftre obligé, fi on ne veut, de reuenir fur fes pas, qui eft vne chofe tres-ennuyeufe, & à laquelle il faut bien prendre garde.

CHAPITRE IV.

Des Allées & longs promenoirs.

LES Allées font neceffaires aux Iardins, tant pour feruir de promenoirs, que pour l'vfage & feruitude des
chofes qui y font plantées : Le tour du Iardin & departement principal en doit eftre fait, & par elles
font bien & à propos marquées les formes & les efpaces, pour les herbes & plantes, ou pour les ouurages,
parterres, & bofquets. Elles doiuét eftre proportionnées de largeur auec leur lógueur, & auec la hauteur
de leurs bordures, ou palliffades, faifant encor (pour ce regard) differéce
des couuertes, auec les découuertes, pour trouuer vne grace agreable
qui s'y rencontre. de laquelle on ne peut donner mefure iufte, qui ne puiffe s'eftendre à plus ou moins. Mais nous reconnoiffons que le couuert
qui nous encloft, & ofte le grand air, fait fembler l'efpace plus grand,
que quand l'air & la veuë font libres ; de forte que les Allées couuertes
doiuent auoir moins de largeur proportionnée à leur longueur que les découuertes, outre qu'elles font plus faciles à couurir eftant eftroites.
Les hautes palliffades au contraire vous contraignent les coftez, fi vous
ne trouuez largeur fuffifante pour regarder aifément fa hauteur, & voir
l'air qui vient d'en haut, & faut à celles-cy grande largeur, fur laquelle
encor la hauteur de la palliffade doit eftre mefurée, luy donnant les deux
tiers de la largeur de l'Allée. De celles qui font fort longues, les plus
larges que i'ay veuë m'ont femblé les plus belles, ainfi qu'il fe voit aux
Tuilleries l'Allée d'Ormes, qui a trente pieds de large, beaucoup plus
belle que les deux de Platanes qui font és coftez, qui en ont feulement
vingt, fur trois cens toifes de longueur, ores qu'elles foient couuertes :
Mefme cette plus belle d'Ormes, quand vous promenant vous la ra-
courciffez à certain point que la perfpectiue montre, la où finit l'eftre-
ciffement qui fe fait par le defaut de la veuë, vous trouuez vne proportion plus belle, que quand vous la voyez en fa longueur entiere. Et c'eft
à ce point là que montre la perfpectiue la iufte longueur de toutes Allées, qui y voudroit obferuer la perfection. Mais on les defire fouuent
plus longues, foit afin qu'elles contiennent tout l'efpace qu'on veut
embellir, ou afin qu'elles feruent de voye pour aller loing.

Doncques les longues routes, & allées des bois & campagnes, fi elles paffent trois à quatre cens toifes de long, en doiuent auoir fept à
huict toifes de large, pour eftre belles & magnifiques, & doiuent eftre
plantées à double rang de chacun cofté, à deux ou trois toifes d'éloignement, ainfi que d'arbre en arbre, choififfant ceux qui viennent
hauts, & bien touffus ; comme Chefnes, Ormes, Tilleus, ou autres de
grand ombrage, felon que demandera le terroir. Si les voulez d'arbres

fruictiers ; fans auoir tant d'égard à l'ombrage qu'à la recolte, comme
Noyers, ou Chaftaigners, vn rang de chacun cofté doit fuffire, à pareil éloignement les vns des autres, que fera large l'Allée ; voire les arbres qui ne portent point de fruicts, eftans grands, font beaux à voir
en telle diftance, chacun gardant fa forme.

Quant aux Allées des Iardins, les plus grandes font fuffifamment larges de cinq toifes, fi elles n'ont plus de deux cens toifes de long, quatre toifes à celles de cent cinquante, trois toifes & demie à celles de
cent, trois toifes à celles de cinquante, & deux toifes & demie à celles de trente ; lefquelles feront propres pour le tour du Iardin, & longs
promenoirs. Les autres plus proches du centre du Iardin, doiuent diminuer de largeur, comme elles font racourcies. Les grandes Allées
eftant garnies d'efpaliers, ou hautes bordures, qui oftent du tout, ou
en partie, la veüe du Iardinage, doiuent eftre accompagnées de Contre-
allées de moitié de leur largeur ou peu moins, pour feruir de promenoirs à defcouuert, & de feruitude aux efpaces du iardinage qu'elles enuironnent, lefquelles doiuent auffi donner la proportion aux autres
trauerfantes, qui les ioignent, ou compartiffent l'efpace: Et fi dans ces
efpaces il fe fait des planches par rofes, ou gloires, ou autre forme, les
voyes d'entre-deux doiuent eftre proportionnées felon ces planche,
donnant à la voye le tiers ou le quart de la largeur de la planche. Ou
fi c'eft vn compartiment de paffement par terre, qui ferue de voye, elles
doiuent auffi eftre proportionnees à tout le parterre, & de telle largeur
qu'elles foient pour le feruice comme pour la beauté, y ayant plus de
danger à les faire eftroittes que larges, dautant que les bordures qui
les forment & enuironnent, croiffent & efpaiffiffent.

CHAPITRE V.

Des Parterres.

LES Parterres font les embelliffemens bas des Iardins, qui ont grande grace, fpecialement quand ils
font veus de lieu efleué : ils font faits de bordures
de plufieurs arbriffeaux & fous-arbriffeaux de couleurs diuerfes, façonnez de manieres differentes,
de compartimens, feüillages, paffements, moref-
ques, arabefques, grotefques, guillochis, rofettes,
gloires, targes, efcuffons d'armes, chiffres, & deui-
fes. Ou bien par planches, fe rencontrans fur des formes parfaites, ou
femblables, dans lefquelles on employe des plantes rares, fleurs, & her-
bages plantez en ordre, ou faifant des peloufes épaiffes, d'vne ou plufieurs couleurs, en forme de tapis de pied. On employe encor dans les
voyes, ou dans le champ vuide, des fables de couleurs differentes, qui y

ſieent bien, & quelquesfois on peut dans les allées meſmes faire des compartimens & guillochis, laiſſant partie d'icelles parée, & l'autre herbuë.

CHAPITRE VI.

Du Relief.

LES corps releuez auſſi ont grande grace dans les Iardins, & baillent grand ſoulagement par leurs couuerts & ombrages : ils marquent & partiſſent les eſpaces, retenant en partie la veuë, & l'arreſtant pour eſtre conſiderez, & faire conſiderer les autres ouurages qu'ils enuironnent. Ils ſont faits par allées ou galleries, couuertes d'arbres, ou faites en berceaux ou plats-fons, auec charpenterie ou gaules de bois mort, que le feüillage recouure. Des ſalles, chambres, cabinets, auec leurs ſuittes, en ſont faites, couuerts en dôme ou tiers poinct, en forme de corps de logis & pauillons, auec leurs portes & feneſtrages, ornez d'architecture bien obſeruée, & entretenuë par le liage & tondure. Mais d'autres corps plus importans, releuez de maçonnerie ou charpenterie, y peuuent auſſi eſtre employez, ſeruans de meſme aux promenoirs & logemens couuerts de plomb ou ardoiſe, ou faits en terraſſe, qui donneront dautant plus grande beauté quand l'architecture en ſera exquiſe : & dauantage pourront encor au dedans & au dehors eſtre ornez de peintures & ſculptures, & ſeruir commodément à mettre à couuert les orengers, & autres arbres & plantes rares qui craignent le froid, dont ils ne ſe trouueront moins embellis que des choſes feintes.

Les fontaines ornées d'architecture & ſculpture, les grouppes de figures de marbre ou bronze, les grandes colomnes & pyramides, les balluſtrades & petrons, tiendront auſſi lieu dans les Iardins, de grande beauté parmy les corps releuez. Voire les ſimples paliſſades & hayes d'appuy de boccage & feüillage, ne reſteront ſans eſtre eſtimées, toutes vnies, n'ayant autre artifice que de la tondure : mais bien dauantage, quand elles ſeront formées de bonne ordonnance d'architecture, auec feneſtrages, arcades, & niches, & ſouſtenuës de pillaſtres, auec leurs embaſſemens, chapiteaux, architraues, friſes, corniches, frontons, & autres amortiſſemens. Meſme les arbres ſeuls, de formes excellentes, ou pluſieurs, diſpoſez auec correſpondance, feront vn beau Relief dans le Iardin : Les orengers dans leurs caiſſes, & autres arbres à fleurs, ne ſeront ſans grace, eſtans placez auec ordre.

CHAPITRE VII.

Des embelliffemens que l'on donne aux Iardins, par le moyen de l'eau.

OVS auons defia dit que l'eau eft tres-neceffaire aux Iardins pour l'arrofement & rafraichiffement de la terre, quand les pluyes tardent trop à l'hume-ĉter. Mais auffi l'eau leur fert de grand embelliffe-ment, fpecialement l'eau viue & courante en ruif-feaux, & celle qui boüillonne ou iaiit dans les fon-taines ; cette viuacité & mouuement femblant eftre l'efprit plus viuant des Iardins. Il fe trouue encore des eaux, qui n'ayantes la viuacité fi grande ne feront inutiles, ny fans feruir d'ornement, foit qu'elles fourdent au lieu mefme, ou coulent de lieux plus efleuez, & viennent à croupir dans le Iardin : auquel cas afin qu'elles ne morfondent la terre, il faut creufer des canaux où elles s'égouteront & affembleront, & ainfi ne feront fans grace & beauté, & donneront encor commodité d'y nourrir du poiffon, qui embellira dau-tant plus qu'il y a grand plaifir de voir les poiffons mefmes s'appriuoifer, fuiure ceux qui les appellent, autant que leur demeure leur permet, cherchant, & receuant d'eux leur nourriture, qu'ils prennent iufques à la main : & la commodité n'eft pas petite de trouuer à propos quand il vous plaift vne fi bonne prouifion pour la cuifine.

Or de dire en quel lieu du Iardin les canaux doiuent eftre fituez, de quelle forme & grandeur ils doiuent eftre faits, on ne le peut vniuerfelle-ment, cela dépend de la nature du lieu & des eaux, & en partie de celuy qui ordonne le Iardin, fans que nous en puiffions donner regle certaine: feulement nous difons que la plus grande eau femble la plus belle ; & neantmoins il fera bon qu'elle n'efface par fa grandeur les autres beautez du Iardin, ains les proportionnant les vnes felon les autres, il faut cher-cher la conuenance de toutes fes parties. Nous difons auffi que pour la fanté de la famille il n'eft pas bon que les eaux, (furtout celles qui ne font point courantes) foient proches du logis, car elles caufent de mau-uaifes vapeurs trop humides, & quelques fois corrompues & puantes, les ferpés & grenoüilles s'y nourriffent, & s'y engendrent d'autres faletez par le limon & cheute des feüilles d'arbres. Il eft neceffaire que les ca-naux foient reueftus, car autrement la terre s'éboule, ils fe peuuent eftre, non feulement de muraille baftie auec chaux & fable, mais auffi à pierre feche, laquelle ne refte d'eftre belle & de durée.

Si les canaux eftoient fituez en lieu que l'eau peut s'écouler en des lieux plus bas, qui eft vn moyen de les rendre plus nets & fains, il fau-droit faire à l'enuiron vn conroy de terre peftrie, à quoy la plus argilleu-fe & graffe eft la meilleure, qui retiendra l'eau, iufques à ce que par vne

bonde & petit canal vous la laiſſiez couler. Si l'abondance d'eau eſt
grande, & qu'il ſoit beſoin pour la contenir & égouter de pluſieurs
canaux, l'ornement s'en fera d'autant plus beau, ſi les diſpoſant par
bonne ſymmetrie vous laiſſez des eſpaces de terre entremeſlez, où
pourront eſtre des parterres, allées, ou d'autres corps releuez, plaiſam-
ment ſituez entre ces eaux, en forme d'Iſles.

CHAPITRE VIII.

Des Riuieres & Ruiſſeaux courans.

MAIS l'eau des Riuieres & Ruiſſeaux courans eſt
bien plus à priſer, car elle eſt plus belle, & d'autant plus ſaine qu'elle eſt rapide, & le poiſſon y eſt
meilleur. Or ſi cette rapidité, ou la profondeur
quelques fois empeſchoit qu'on ne peuſt détour-
ner le canal, que l'on voudroit mettre en lieu
plus conuenant, il faut que l'intelligence du bon
maiſtre ſupplée, trouuant des beautez qui s'accommodent à la nature des choſes qui vous arreſtent, & que vous ne
pouuez forcer.

C'eſt pourquoy en matiere d'embelliſſemens des Iardins, les petits
ruiſſeaux ſont plus à deſirer que les grandes riuieres, y ayant plus de
moyen de les enioliuer, ſoit en les bordant d'enrichiſſemens, ou pauant
leur fonds de cailloux, ou ſables, auec leſquels vous l'vniſſez & mettez
à telle hauteur que bon vous ſemble, n'y ayant moins de plaiſir à voir
le fonds bien ordonné que l'eau meſme. Dauantage le poiſſon qui eſt
veu de plus prés, baille d'autant plus de plaiſir; vous détournez ou ſe-
parez plus facilement le petit ruiſſeau, & en formez non ſeulement
des canaux en lignes droites; mais auſſi en faites de ſinueux, vous en
faites des compartimens & guillochis, voire des lacs, ſi la nature du
lieu n'y repugne.

CHAPI-

CHAPITRE IX.

Des Fontaines.

V ANT aux Fontaines, si l'eau sourd en boüillon-
nant, au lieu mesme que la voulez approprier,
c'est vn grand aduantage & espargne; cette sorte
de Fontaine n'estant sans grande beauté, qui
principalement est deüe à la nature, car il n'y conuient tant d'artifice qu'aux autres, & cette eau
que vous regardez la veuë basse, n'a peu de grace, comme chose naturelle. Neantmoins on fait
grand cas des Fontaines iallissantes, lesquelles on peut embellir de grands
enrichissemens d'architecture polie ou rustique, de figures de marbre
ou bronze, par diuerses inuentions & ordonnances, qui tiendront grand
lieu en l'embellissement des Iardins, quand elles sortiront de l'inuention & dessein d'vn bon Architecte & Sculpteur, desquels il se faut seruir
pour cette particularité d'ornement. Or dautant que rarement les Fontaines se trouuent naturellement iallissantes, & moins encores és lieux
où l'on les desire, il est besoin les chercher autre part, choisissant les
eaux bonnes, abondantes, & les sources plus haut situées que le lieu où
l'on veut qu'elles ialissent ou versent. Il y a diuers moyens de les conduire, & diuerses matieres sont employées à faire les canaux propres à
y seruir : mais plus souuent on les fait de pierre, terre cuitte, plomb,
ou bois, lesquels il faut enfoncer en terre, pour conseruer la fraischeur
à l'eau durant l'esté, & la garder durant l'hyuer d'estre glacée. Si on
trouue commodité de conduire les eaux partie du chemin à niueau,
auec suffisance pante, c'est le plus asseuré moyen de les conseruer bonnes, & les canaux n'endurent si grand effort, que quand l'eau tombe
ou coule auec plus de pante. Il faut aussi considerer la quantité d'eau
qui peut estre fournie par la source, afin de faire les canaux du dia-
mettre conuenant à la faire couler, & ne donner à l'ornement de la
Fontaine, lieu d'en escouler dauantage, ny moins aussi; que si la source
estoit trop abondante, il en faut laisser partie, ou l'employer autre part,
car les canaux pâtissent du trop, & en sont esclattez & dessoudez : De
façon que le moins de distance qui se trouuerra entre le lieu où vous
laissez le niueau de la source, & la Fontaine ornée, sera le meilleur, pour
auoir moins de tuyau qui souffre ou endure grand' peine. Quand il y a
beaucoup de pante, l'eau coule dautant plus facilement; s'il y a peu de
pante il faut le canal plus spacieux, afin que l'eau ne le remplissant du tout,
l'air ayde à couler. Il y a des eaux qui coulant sous terre, seroient prestes
de surgir, mais trouuant celle de la surface facile à penetrer, s'écoulent
par dedans iusques és lieux plus bas. Pour les trouuer plus hautes il faut

K

trancher aux lieux d'où il y a apparence qu'elles defcendent , & cette
apparence fe fait des plantes aquatiques , qui croiffent naturellement
dans tels coftaux , ou par les vapeurs qui s'efleuent de terre le matin ,
plus efpaiffes qu'ailleurs.

Ordinairement on trouue ces fources en terre, coulantes fur vn lict
de glaife, ou terre graffe qui l'empefche de penetrer plus bas : La fource eftant trouuée , ou plufieurs , vous les affemblez , & les enuironnez
d'vn rempart de terre graffe , pour fçauoir la quantité d'eau , la faifant
couler par vn feul tuyau : Et pour connoiftre fi elle pourroit monter
plus haut ; car quelquesfois par tel remparement on gaigne de la hauteur ; laquelle eftant trouuée il faut niueler , pour trouuer combien vous
auez de pante iufqu'au lieu où la voulez conduire , fuffifant vn poulce
de pante pour fept ou huict toifes de longueur, ou moins.

CHAPITRE X.

Des canaux à conduire l'eau des Fontaines.

ES anciens nous ont monftré par ce qui nous refte de leurs Oeuures , le meilleur & plus affeuré
moyen de conduire les eaux ; Reftant mefme en
noftre France des Aqueducs , où l'eau de laquelle
ils fe font feruis coule encores, & plufieurs autres
que le temps , ou l'auarice des habitans des lieux
ont ruinez. Ils les ont conduites de niueau le plus
loing qu'ils ont peu, par vn canal de pierre choifie,
enfoncé en terre felon la difpofition des coftaux ou vallées qu'ils ren-
controient : fuiuans lefquelles, ou les trauerfans, ils ont cherché le plus
court , & le plus facile chemin ; vfant , comme il eft à croire , de bon
mefnage pour la defpenfe, & ne l'efpargnant auffi où la neceffité les con-
traignoit. Pour cela ils fe tenoient en la furface de la terre autant qu'ils
pouuoient , ne s'enfonçant profond que pour conferuer l'eau des intemperies du chaud & du froid qui luy font contraires, ou pour fuiure leur
niueau de pante , lequel quelquesfois enfonçoit plus profond , ou quelquesfois fortoit dehors : ils ont percé voye des montaignes , y faifant voye
fuffifante pour y cheminer debout des deux coftez du canal , & bafty
dans les trop profondes vallées des arcades fur des trumeaux de maçonnerie pour les fouftenir : lequel auffi par fois ils ont fait de plomb , les
fondant de groffeur & efpaiffeur conuenante à perpetuer leur ouurage,
& fouftenir la force & la pefanteur de l'eau quand ils eftoient contraints
de luy donner grande pante, laquelle force & pefanteur la maçonnerie
n'euft peu endurer. Ils choififfoient les pierres grandes , & de nature
refiftante au feu, à l'eau, & à l'air, ne fe délittant point, ainfi qu'il s'en
trouue; cauant en icelles le canal, & le couurant de pierre femblable ,

bien affis fur bon fondement de maçonnerie, de crainte d'esbranle-
ment. Outre le bon mortier d'icelle maçonnerie, ils ioignoient les pierres du canal auec ciment fait de tuilleau broyé, ainfi que nous le trouuons, non moins endurcy que la pierre mefme, digne ouurage de Roys,
des grandes Communautez, ou puiffances femblables.

Or fuiuans ces bons enfeignemens, chacun felon fa portée en doit approcher le plus prés qu'il pourra, choififfant pour le meilleur, le canal
de pierre conduit de niueau, affis fur maçonnerie bien fondée, & le canal bien cimenté, & conftruit au printemps; n'y faifant couler l'eau
qu'apres l'efté, apres qu'il fera bien feché à l'ombre, de crainte qu'il ne
fende par la trop prompte fecherefse. D'autres canaux font faits de
grés, ou autres terres propres à potier, bien cuits, couchez & reueftus
en maçonnerie, les pieces emboitées l'vne dans l'autre, auec ciment de
chaux & tuilleau, ou ciment à feu. Autres canaux font faits de plomb
en table, la iointure qui eft fur la longueur foudée auec foin, & l'em-
boiture des pieces auffi, ou mifes auec ciment à feu; ils feront meilleurs
eftans auffi reueftus de maçonnerie. Autres canaux font auffi faits de
plomb fondu, & ietté dans des moulles, & par la fonte fort chaude, font
encor iointes les pieces les vnes aux autres: ils peuuent auffi eftre tirez
par la filliere, les reduifant à fi petit diametre & efpaiffeur qu'on defirera.
Les moindres canaux font faits de bois, lequel eftant couppé par pieces
d'vne toife de long, font percez auec tairieres, & emboittez l'vn contre
l'autre par vne virolle de fer trenchante des deux coftez, qui entre dans
les deux pieces, ou emboittez l'vn dans l'autre iuftement le bout qui
recouure l'autre lié d'vne frette de fer: On employe à ceux-cy toutes
fortes de bois, qui en peu de temps perd les mauuaifes qualitez qu'il
pourroit auoir, donnant odeur, faueur, ou couleur à l'eau: Voire on y
employe les bois qui ne feruent à charpenterie, comme l'Aune, Bou-
leau, & autres de peu de valeur, qui feruent vtilement à cecy, l'eau les
conferuant fous terre, quand ils ne prennent air: mais toufiours le
meilleur bois y eft le meilleur, comme les ieunes Chefnes ou Chaftaigners.

K ij

CHAPITRE XI.

Des Grotes.

LES Grotes sont faites pour representer les Antres sauuages, soit qu'elles soient taillées dans les rochers naturels, ou basties expressément autre part: aussi sont-elles ordinairement tenuës sombres, & aucunement obscures. Elles sont ornées d'ouurages rustiques, & d'étoffes conuenantes à cette maniere, comme pierres spongieuses & concaues, especes de rochers, & cailloux bigearres, congelations, & petrifications estranges, & de diuerses sortes de coquillages, qui par leurs formes & couleurs bien ordonnées sont de beaux enrichissemens: les goutieres & reiallissemens d'eau, y sont propres & bien seants, rendant les choses plus naturelles.

Auec les eaux encor on peut faire mouuoir des engins & machines, par l'ayde desquels marchent des figures, ioüent des instrumens de musique, sifflent & chantent des oyseaux, & d'autres animaux contrefaits, des arbres & plantes y sont moullés, formez & peints, comme s'ils estoient naturels. Mais les figures de sculpture, de marbre, ou bronze, faites de la main d'excellents ouuriers, apportent vne grande grace & magnifique ornement à ces lieux sousterrains: voire toute la structure estant disposée par bon ordre d'architecture rustique, ou meslée de la polie, augmenteroit dauantage la beauté de l'œuure, comme si la nature & l'art à l'enuy embellissoient le lieu. On peut mesme y poser des tableaux de peinture, ou peindre à fresc contre les murailles, telle histoire, & en tel lieu qui y conuiendront bien, & augmenteront d'autant la beauté, que sera excellente la main & suffisance de l'ouurier. Les peintures que nous appellons grotesques, ont esté inuentées par les Anciens pour ce sujet, desquelles il se voit encor auiourd'huy dans quelques antiquitez sousterraines, où sont contrefaits des animaux & autres representations de formes & gestes extrauagants, aucuns naturels, & d'autres contre nature, pour rendre ces lieux d'autant plus bigearres.

CHAPITRE XII.

Des Vollieres.

ES Vollieres donneront aux Iardins vn embelliſ-ſement fort diuers, par les diuerſes formes & inuen-tions, dont elles ſeront conſtruites, & par les diffe-rens oyſeaux qui y ſeront mis, par leurs chants & ramages , & ſpecialement en la conſideration de leur naturel, qui peut eſtre plus facilement reconnu là , que quand ils ſont en liberté : car ils ne laiſſent pour leur priſon de s'accoupler , faire l'amour & multiplier, s'entrebattre par ialouſie, ou ſe ralier enſemble, & faire tou-tes autres actions ordinaires. Il eſt beſoin qu'elles ſoient partie cou-uertes, & partie découuertes, afin que les oyſeaux qui n'ont moyen d'al-ler chercher les climats & retraites qui leur ſeroient propres, trouuent ſous le couuert quelque ſoulagement contre la rigueur des ſaiſons, & qu'ils ioüiſſent auſſi en partie de l'air qui leur eſt plus particulier qu'à toutes les autres creatures. Leurs cages doiuét eſtre oppoſées au Septen-trion, pour receuoir moins de froid, qu'vn ruiſſeau naturel, ou artificiel paſſe dedans , ou autre eau belle & claire pour abreuuer & baigner les oyſeaux ; que des arbres y ſoient plantez pour déguiſer d'autant plus leur priſon, & leur ſeruir de perches.

CHAPITRE XIII.

De la diſtinction des Iardins.

VCVNS faiſans diſtinction des Iardins, en ont dit de quatre ou cinq ſortes, ils ont mis les ouurages de compartimens & moreſques, & autres embel-liſſemens bas dans les parterres, qui eſt proprement leur place. Mais ils en ont fait vn Iardin à part, que ie trouuerois trop plat & nud, s'il n'eſtoit acccom-pagné d'autres corps releuez qui y conuiennent: ils en ont fait vn des plantes que l'on mange, qu'ils ont dit Potager: vn autre des fleurs, qu'ils ont dit Bouquetier: vn autre des arbres fruictiers, qu'ils nomment Verger: vn autre des herbes medecinales, ſans compter d'autres manieres de Iardi-nages qui pourroient bien tenir leur rang, s'il eſtoit beſoin de ſeparer chacune ſorte à part.

Telles diſtinctions ſeroient propres pour des particuliers, faiſant pro-feſſion d'vn meſtier qui regarde ces differences, comme le Iardin me-

K iij

decinal, à vn Apoticaire ou à quelqu'vn qui enseignast la Medecine ;
le Bouquetier à ceux qui vendent les bouquets pour les festes & nopces ;
le Potager pour les Iardiniers de Paris qui en font si bien leur profit,
& ainsi des autres. Mais si nous voulons faire des iardins qui soient
pour donner plaisir & vtilité ensemble, ils ne seront conuenants à gens
de basse condition, ains seulement aux Princes, Seigneurs, & Gentils-
hommes de moyens : car les beaux Iardins se font & entretiennent auec
despense, & n'y a que ceux des Iardiniers qui remboursent leurs maistres
des frais qu'ils y font, encor faut-il estre en lieu de bon debit.

    Donc pour faire vn beau Iardin conuenant à gens de qualité, ie tiens
que ces diuersitez entremeslées & bien ordonnées, font vn embellissement plus grand par leur varieté, qu'elles ne pourroient estant separées :
Et n'entends pas pourtant qu'on les broüille ensemble, en les entremes-
lant confusément, ains qu'en iugeant de la conuenance ou repugnance
que les choses ont ensemble, on les approche ou esloigne, faisant de
tous arbres & plantes les embellissemens à quoy ils seront propres, &
s'en seruant ainsi qu'il appartiendra : car la pluspart de ces embellissemens ne sont point sans quelque beauté & grace particuliere, qui sied
bien quand elle est bien appliquée.

CHAPITRE XIV.

Du Iardin de plaisir.

QVE si le Prince ou autre Grand faisoit diuers Iardins, pour ne laisser les fruicts à l'abandon des gens
de sa suitte, il suffira de les separer en deux ; l'vn
pour le plaisir & beauté, qui aura les fontaines
enrichies, les canaux & ruisseaux enioliuez, les
grottes & lieux sousterrains, les vollieres, les galleries ornées de peinture & sculpture, l'orenge-
rie, les allées & promenoirs mieux agencez, cou-
uerts ou découuerts, les pelouses & preaux pour les ieux de ballon, &
exercices de la personne, les longs ieux de palmail, les bosquets, les autres corps de relief, bien disposez és enuirons des parterres, ou entre-
meslez par dedans, ainsi qu'il conuiendra : Dedans les planches des parterres & espaces seront les fleurs & les plantes, qui y pourront donner
grace, soit les medecinales, ou seruans aux salades, qui ont de belles
qualitez, pour les embellissemens, & font des tapis de belles couleurs.
Les plantes qui portent fleurs, & viennent plus hautes qu'il n'est seant
au dedans des parterres, seront mises en bordures, ou le long d'icelles
si leur pied se trouuoit dégarny, ou seront plantées vne à vne pour seruir au relief, ainsi que l'ordonnance du Iardin requerra.

CHAPITRE XV.

Da Iardin vtile.

E N l'autre Iardin seront les arbres fruictiers, plantez par lignes le long des allées & principaux de-
partemens, qui formeront de grands espaces pour
les herbes potageres, & autres portans fruicts bons
à manger, qui veulent grand air & grand soleil,
comme les melons. Ce Iardin, non moins que
l'autre, demande vne grande estenduë, & plus que
l'autre a besoin d'vn bon fonds, qui estant bien
cultiué de labourage & amelioration, donnera aux arbres & aux plantes
la nourriture qui leur conuiendra. Car comme nous auons dit au transplanter des arbres, les fruictiers demandent cecy, ayant besoin de grande & bonne nourriture, laquelle ils ne trouuent si bien apprestée, quand
ils sont plantez en ordre quinconce, pour les raisons que nous auons dites, quelque grand cas qu'ayent fait de telle ordonnance les Anciens &
Modernes. On pourra mettre en ce Iardin les Pepinieres, & lieux de
prouision de toutes sortes de plantes : l'amas des fiens necessaires, les couches, les attelliers des manouuriers, les magasins de bois, osiers, clayes,
ais, & autres vtensiles & ferremens, sous des galleries & couuers : le lieu
pour recueillir & serrer les semences, les couuers & retraites des plantes
qui craignent le froid, & pour la garde des fruicts, les fours pour les cuire,
les demeures & petites ménageries des Iardiniers dans des cours separées.

Ce Iardin ne demeurera aussi sans embellissemens d'artifices : car des
allées y seront couuertes en berceaux, ou en plats fons, plantées de mus-
cats & autre vigne exquise, ou pour verjus, des espalliers & hayes d'appuy, seront faits d'autres fruictiers, qui ont besoin de culture & amelioration. L'agencement des autres plantes donnera aussi de beaux ornemens par leurs formes & couleurs diuerses, si elles sont bien disposées.
Les courges & coyes seront aussi des couuers, ayant besoin d'estre sou-
stenuës & esleuées, les artichaux des bordures, & autres grandes plantes :
les petits fraisiers mesme feront des labyrintes & guillochis, d'autres des
tapis de pied bien seans, & chacune chose estant plantée en planches
bien ordonnées donneront grand plaisir.

Ce Iardin aussi ne doit estre sans eau, en ayant beaucoup plus de besoin que l'autre, & si naturellement, ou par artifice, elle ne peut estre si-
tuée si haut, qu'elle puisse couler d'elle mesme dans les endroits du Iardin qui en auront besoin, il faudra y creuser des puits, ou autrement faire prouision d'arrosement ; car sans raison demanderions-nous vn soleil
vigoureux, si nous n'auions l'eau commode pour rafraichir & humecter
la terre, quand elle sera trop eschauffée & desseichée, de quoy nous auons

parlé aux arrofemens. Or fi la quantité d'arbres fruictiers, requife &
tant vtile, demandoit plus de terre qu'on n'en pourroit employer en Iar-
dinages, d'herbes pour manger, ou legumes, on peut encor y faire des
lins & chanures. Mais plufieurs efpaces y feront remplis bien à propos
de vigne, de plan, & vifan bien choifi, tant pour en recueillir du vin, que
pour auoir en la faifon des raifins à manger, & pour en garder prouifion,
cuits, ou crus, car cettuy-cy n'eft des moindres fruicts dont on doiue
faire cas. Ces efpaces de vigne feront enuironnez d'arbres, qui ne portent grand ombrage, la vigne n'en ayant befoin que du fien propre, pour
lequel Nature l'a pourueuë de fon pampre, & larges feüilles : doncques
les Amendiers & Pefchers, les petits Cerifiers & Grenadiers, y feront
employez, & les Figuiers, & ils s'accommodent bien enfemble, quand
ils font tenus bas, aymant tous grand labourage. Pour encor mieux defendre cette vigne, il fera bon de l'enuironner d'vne bordure & haye
d'appuy, laquelle eftant treilliffée de bois mort, la vigne mefme s'atta-
chera contre, ou bien elle fera plantée de rofiers, qui auec les arbres participeront au labourage de la vigne, & rendront en odeur, & autres pro-
prietez la recompenfe du foin qu'on prendra d'eux.

CHAPITRE XVI.

Des Efpaliers.

RESTE de parler des Efpaliers, qui ne feruent pas
feulement à l'embeliffement & ornement des Iardins, mais auffi font de profit & vtilité. On en
treffe, parce qu'au Printemps arriuent fouuent
des matinées fraifches & des gelées blanches, cau-
fées, foit par la fraifcheur de la terre, foit par le vent
du Nort, qui gaftent les fleurs plus haftiues & delicates, comme font celles des Abricotiers, & de
toutes fortes de Pefchers, & mefmes de quelques Poiriers, & nous oftent
le contentement de leurs fruicts. Afin donc de preuenir ces inconueniens qui font affez ordinaires, on s'eft aduifé de chercher des abris contre des murailles, qui par leur hauteur & épaiffeur garantiffent du mauuais vent, & receuäs les rayons du Soleil augmétent la force de la chaleur.
Et les arbres plantez contre telles murailles, treilliffez & agencez conuenablement fur des perches y attachées, c'eft ce qu'on appelle Efpaliers,
defquels nous auons à parler & monftrer comme ils doiuent eftre faits.

Il faut donc premierement choifir vn mur de clofture, qui ait le Soleil
Leuant & le Midy, & qui foit bien fait & efleué au moins, s'il eft poffible,
de douze pieds de haut : car plus il eft haut, plus long temps il fert à cét
vfage d'Efpaliers. De toife en toife de largeur il le faut garnir de trois
crochets de fer, attachez l'vn au deffus de l'autre, l'vn à vn pied de di-
                                                              ftance

ſtance de terre, l'autre de cinq, l'autre de dix, & ce dernier débordant
du mur trois doigts plus que les autres pour le ſuiet que nous dirons tan-
toſt.

Secondement il faut faire vne tranchée d'vne toiſe de largeur en la
prenant du pied du mur, & de quatre pieds de profondeur, dans l'Eſté ſi
cela ſe peut, & la laiſſer ainſi ouuerte deux ou trois mois, afin que le fonds
d'icelle puiſſe iouyr & de la chaleur du Soleil, & de l'humidité des pluyes.
Sur le commencement de l'Automne il la faut remplir de la meſme terre, ſi elle eſt bonne, en l'amendant pourtant encor auec du fiens bien
conſommé, ou ſi elle n'eſt pas toute bonne, oſter celle qui eſt mauuaiſe,
comme la terre argilleuſe & le ſable iaune ou rouge, & y en remettre
d'autre apportée d'ailleurs. Car ſi on plante en mauuaiſe terre, ou qui ne
ſoit point amendée, les arbres ne prennent qu'à peine, & ſont comme
en langueur ſans pouuoir profiter, au moins en croiſſent lentement.

Les arbres qu'il y faut planter, ſont ceux qui ſont les plus tendres au
froid: comme les Abricotiers, toutes ſortes de Peſchers, ſoit venans de
noyau, ſoit entez ou ſur leur propre eſpece, ou ſur Pruniers, Abricotiers, & Amandiers; diuerſes eſpeces de Pruniers, pluſieurs ſortes de Poiriers qui doiuent eſtre entez ſur Eſpines ou ſur Coigniaſſiers, pour demeurer nains, des Figuiers, & s'il y en a encore quelques autres de meſme temperament, ou qu'on deſire aduancer.

On les peut planter en deux ſaiſons, c'eſt à ſçauoir en l'Automne &
au Printemps. Ie prefere l'Automne, par ce que la terre a encore quelque chaleur, & que les arbres ont du temps auant la rigueur de l'hyuer,
pour commencer à lier leurs racines auec la terre, pour le moins s'accommoder auec elle, afin d'en tirer aide pour ſe defendre contre le froid.
Pour cét effect il les faut prendre dés qu'ils commencent à ſe dépoüil-
ler de leurs feüilles, & en les plantant les arrouſer vne bonne fois, ſi la
terre eſt ſeiche. Et alors ie n'eſtime pas qu'il ſoit bon de les tailler, ſur
tout s'il y a de groſſes branches à oſter, parce que le grand froid ſuruie-
nant, & trouuant de ſi grandes playes, pourroit penetrer au dedans, &
faire mourir l'arbre, & au moins l'incommoder grandement. Il vaut
mieux attendre vers la fin de l'hyuer à en retrancher ce qui eſt conuenable. Si on plante au Printemps, il faut planter les arbres haſtifs, comme
les Abricotiers & Peſchers, pluſtoſt que les tardifs, comme les Poiriers,
& Figuiers, & les tailler, & couurir la playe de cire, raiſine, ou choſe
ſemblable, afin que la chaleur ne la ſaiſiſſe, & ne l'empeſche de ſe re-
couurir.

Il ne les faut pas planter ny plus profondément que d'vn pied, ſur tout
en lieux froids & humides; ny plus prés les vns des autres que de quinze pieds, parce qu'autrement leurs branches ſe toucheroient incontinent
& ſe confondroient, & ne porteroient pas tant de fruit: l'experience faiſant cognoiſtre qu'vn arbre eſtendu à ſon aiſe, portera plus de fruit,
que quatre qui s'entrepreſſent & ſe couurent les vns les autres.

L

Au mois de May que les chaleurs commencent à venir, la terre ayant
été préalablement labourée, il faut la premiere année la couurir toute,
s'il est possible, de quatre doigts d'épais de fougere amassée de l'année
precedente, ou de paille, ou de foin, ou d'autre chose semblable, pour
conseruer la fraischeur aux nouueaux plants. Si l'année se trouue seiche
& chaude, il faut arrouser assez largement de quinze iours en quinze
iours pardessus la fougere mesme, & sans l'oster : Car il vaut mieux en
donner ainsi beaucoup & peu souuent, que d'y retourner deux fois la
semaine, ce qui ne fait que battre la terre & la durcir. Vers la S. Iean il
sera bon de destourner la fougere, & de donner vn autre labour, en se
donnant soigneusement garde de toucher aux racines des arbres : parce
que le labour tient la terre plus fraische en ouurant ses pores, & y faisant
entrer l'air. Et cela fait il faut remettre la fougere, & recommencer la
mesme chose à la fin de Septembre.

Cette mesme année il faut laisser pousser aux plants tout le bois qu'ils
voudront, sans les blesser & les alterer en leur ostant leurs iets, au moins
y doit-on aller auec grande discretion & retenuë : mais il n'est pas bon
de leur laisser porter fruit, parce que cela les auorte, & les empesche de
pousser du bois. Il faut aussi laisser les iets libres sans les lier & violenter :
mesme il n'est pas besoin de dresser l'Espailler, parce que le bois ne feroit
que se pourrir inutilement aux pluyes. Mais la seconde année si les plans
ont fort poussé, ou la troisiéme sur la fin de l'Hyuer, auant que les bourgeons des arbres poussent, il le faut dresser, & y lier doucement les ra-
meaux des arbres, en les eslargissant & estendant conuenablement en
forme d'éuentail, & en retranchant les petites branches du dedans qui
ne peuuent ny pousser de beau bois, ny se tourner en bourgeons à
fruiét : Et continuer à labourer la terre quatre fois l'an, à sçauoir au
printemps, à la Sainét Iean, à la fin de Septembre, & au commencement de l'hyuer.

En labourant il faut se donner de garde d'enterrer le collet de la
greffe du Poirier ou Pommier enté sur Coignassier, parce qu'il pourroit
prendre racine, & croistroit puissamment comme vn arbre franc, sans
qu'on le peust retenir nain.

Quand les Espaliers sont en fleur il arriue par fois des gelées du matin, & en suite de grandes ardeurs du Soleil qui broüissent les fleurs, &
font perir le fruiét. Il faut preuenir le mal par le moyen des plus hauts
crochets, dont i'ay parlé, débordans du mur plus que les autres. Car en
attachant des perches de l'vn à l'autre, & à ces perches des toiles qui se
couleront iusqu'au bas, sans toucher les fleurs & les fouler, on sauuera
le fruiét.

Il n'est pas bon de laisser noüer du fruit aux bouquets de fleurs qui
viennent par fois à la pointe des branches, tant parce qu'elles sont foibles, que parce que la séue montant là seroit diuertie du bas & du milieu des branches, qui sont proprement le vray lieu où le fruiét doit
croistre.

Les Espaliers estans en leur beauté , il faut pour les y conseruer tant que faire se pourra , prendre garde aux bourgeons que les arbres pouffent soit vers le pied soit vers les premieres branches qui se diuisent , & y laisser ceux qu'on iugera les plus propres pour reparer & entretenir le bas de l'arbre en sa beauté.   Il est bon mesme d'auoir tousiours des arbres de toutes les especes, plantez en terre dans des paniers & manequins, à fin que si parauenture vn des arbres de l'Espalier vient à mourir, on y en puisse aussi tost remettre vn tout pris, & qui poussant aussi fort selon sa portée que les autres de l'Espalier, n'en defigure pas si fort la grace & la beauté, qu'vn autre qui auroit à prendre terre auec vn long temps.

FIN.

Royne mere a Suxembourg

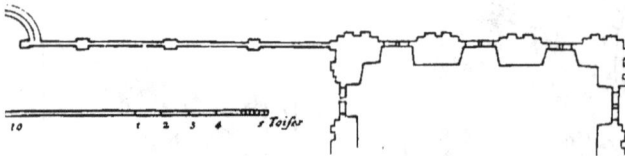

10   1   2   3   4   5 Toifes

Grand Parterre du Jardin de l...

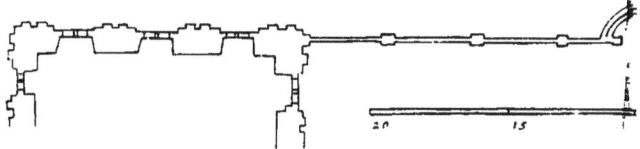

1   2   3   4   5   6 Toises

Ordonnance que le Grand de Luxembourg

Moitie d'vn parterre oblong

Moitié d'un parterre oblong

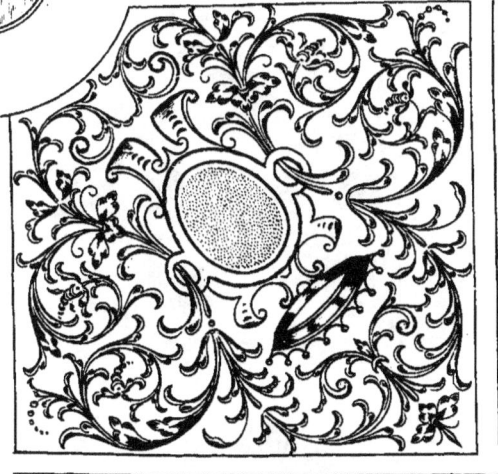

1 2 3 4 5   10 Toises

Defein Pour le Parterre des

1 2 3 4 5   10 Toises

grottes de St Germain en Laye

1 2 3 4 5 10 Toises

grottes de St Germain en Laye

1 2 3 4 5   10 Toises

1 2 3 4 5   10 Toises

1   2   3   4   5   6 Toises

auec ses frises et Guillochis

1 2 3 4 5   10 *Toises*

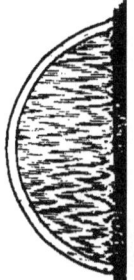

Parterre Quarré

1   2   3   4   5   10 *Toises*

Parterre Quarre

le Pautre

1 2 3 4 5   10 Toises

1 2 3 4 5 10 Toises

10 Toises

1 2 3 4 5   10 Toises

1   2   3   4   5   *10 Toises*

1   2   3   4   5   10 Toises

1   2   3   4   5   10 Toises

1   2   3   4   8 Toises

1 2 3   6 Toises

1 2 3 4 5 6 Toises

Parterre du

Toises

din du Louure.

1 2 3 4 5 6 Toises

1 . 2 . 3 . 4 . 5

10 Toises

Moitié d'vn Parterre quarre

1 2 3 4 5   10 Toises

1 2 3 4 5   10 *Toises*

Parterres des costes de la fontaine du Mercure a S.t Germain a laye.

1 2 3 4 5 Toises

Toises
1
2
3
4
5 Toises

Frises du Jardin des Tuilleries

1 2 3 4   10 Toises

Desoubs la terrace de meurriers

Frises du Jardin des Tuilleries

1 2 3 4 5   10 *Toises*

Desoubs la terrace des meuriers

1 2 3 4 5   10 *Toises*

10 Toises

6 Toises

1   2   3   4   5 Toises

Frises Diferentes

1 2 3   6. Toises

1   2   3   4   5 Toises

1   2   3   4   5   6 Toises

1   2   3   4   5 Toises

1 2 3 4 5 6 Toises

à Paris

1 2 3 4 5   101 Toises

10 Toises

1 2 3 4 5 6 Toises

1 2 3 4 5 6 *Toises*

1   2   3   4   5 Toises

1   2   3   4   5 Toises

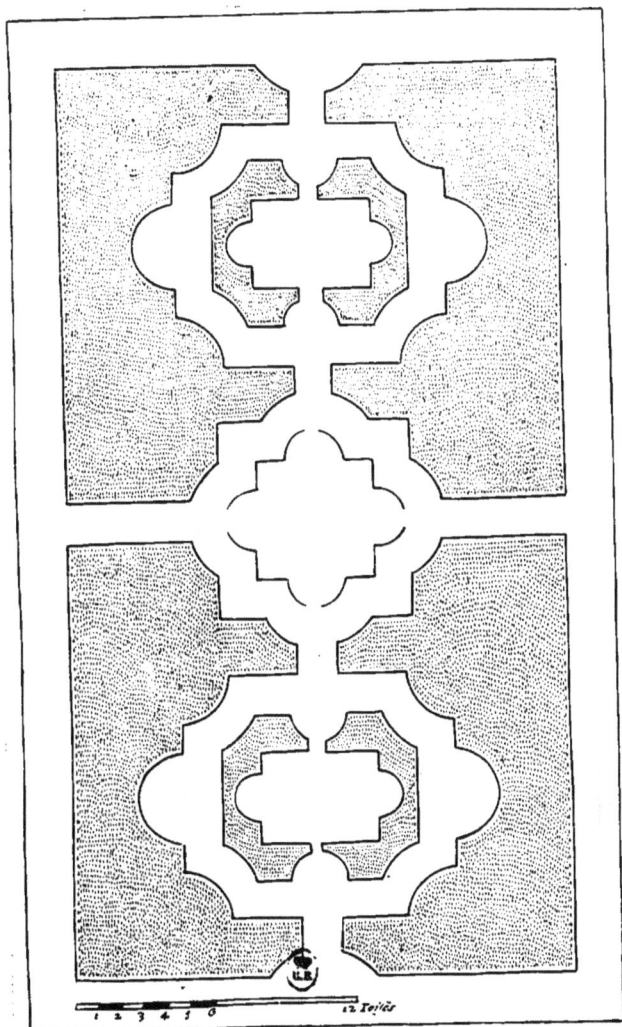

www.ingramcontent.com/pod-product-compliance
Lightning Source LLC
Chambersburg PA
CBHW060606210326
41519CB00014B/3584